找樹的人

一個植物學者的東亞巨木追尋之旅

作者 徐嘉君

目錄

推薦序　像詩一樣的存在　張元植　4
你是我的眼　楊玉君　7
友誼高度七十公尺　藍永翔／Sky　12
自　序　天佑山林　16

樹冠層的世界
起點：一棵樹可以是一個生態系　18
與台灣杉奇萊哥的約定　26
威氏帝杉奇遇記　34
檜木頂上的空中花園　42
雲頂上的樹冠層：雪山翠池　50

巨木們

玻璃底片裡的台灣杉　58——被束縛的老靈魂　66——台灣杉三姊妹　78——
南十字星天空下的台灣杉　90——「幻影」終成幻影　98——塔島的王桉　110——

尋找台灣冠軍樹

鬼湖山區的台灣杉　122——丹大山區的巨木　130——清八的巨木森林　138——
神木村的樟樹公　146——南坑溪神木的發現始末　154——桃山神木探勘全紀錄　166——

那些樹冠層生態的幕後花絮

那些附生植物房客　178——那些巨木房東　190——
中海拔霧林帶：附生植物最愛的蛋黃區　198——

推薦序

像詩一樣的存在

張元植（新生代登山家偶爾客串演出找樹的人）

打開嘉君傳給我的文檔，看了一章，瞬間有股嘉君的臉躍然紙上，正在對我說話的錯覺。她就是一個這麼直率，會把自己內心的各種 OS 與 murmur，毫不保留寫在紙上的人。

認識嘉君的時點已不可考，只記得是攀岩認識的，大概就在她開始探勘巨木的那陣子。還記得某次聊天，談到這幾年她很常被問的問題：「妳爬樹對社會有什麼貢獻？」她超級不爽：就不能因爲我爽？一定要對社會有什麼貢獻嗎？

我深以爲然。

畢竟我也是以不事生產度過前半輩子三十餘年而自傲的人（笑）。也常被迫面對「攀登對社會公共性的意義」這類問題，這大概是每個曾被這個社會支持，去實踐自我的人，都得面對的課題。我當然能講出好幾個冠冕堂皇的答案，然而內心的小角落卻一直知道，那些都只是間接、是某種被延伸賦予的意義。

由內在推動人從事某件事情的本質，其實就是某種出自內心的召喚，那件事物就是對你產生了無可抗拒的吸引力，像極了愛情。於我，是攀登；於嘉君，就是巨木。這沒有任何緣由，無須解釋也無法解釋。當然嘉君顯然不會這麼多廢話，她會回一句「我爽」。

有時候會覺得在這方面我們算是同類人。

台灣社會太多關於利害的計較了，可能由小時候開始，人們的處世動機就被效益主義綁架了，花時間讀任何東西前都要先問一句：考試會考嗎？到長大，我們改成問：有產值嗎？有錢賺嗎？

前陣子在雪山，碰到一群台大天文物理所的學生，拿著看起來就是土炮自製的儀器，在路上接收著某種東西。他們說那叫「渺子」，是某種宇宙基本粒子。我們無時無刻都在被渺子穿過唷，就算躲在鋼筋混泥土大樓，或一百公尺深的地底都一樣。「研究這個有什麼用啊？」我帶的客人問道。「不知道耶，就好玩吧。」他們想想又補了一句，「十八世紀富蘭克林研究電的時候，也不知道電能幹嘛。」但這樣的後設又落入了效益主義的思考邏輯。人類史上一直都有更多不能幹嘛的美好事物。像詩。巨木也許更爲接近像詩一樣的存在。

最後一章開頭，關於尋找桃山神木就像尋寶的對話，發生在我跟嘉君之間。不知道嘉君的回憶是否模糊，但我一直記得那對話是發生在下切到一半，經過一段寬緩的稜線時。那是一大片幾乎由檜木擔綱主角的森林，我們稱其新扁柏神殿。在對話發生後不久，我在靜謐的巨木之間仰頭，看見樹冠之上白霧濛濛的天空，以及偶爾灑落的光影在林蔭下穿折。巨木們靜靜矗立在那，彷彿不朽的時間之流，具象的鋪展在眼前這片空間。那一刻我有些感動，隱隱感覺到，是哪種詩性的東西，一再吸引這群找樹的人向山林行去，一次又一次。

推薦序

你是我的眼

楊玉君（國立中正大學中國文學系教授）

人生軌跡中有幾棵特殊的樹曾在記憶中留下了它們壯碩、茂密的樹影。

求學時在美國，普林斯頓鎮郊有個占地四十畝的 Battlefield Park，在廣袤的草原中，獨獨矗立了一株老橡樹，這株宏偉的橡樹枝葉覆蔽雖不甚廣，但因爲週遭只有這一株，崢嶸的姿態令人心生敬畏。自鄰近的高等研究院散步穿過樹林走到這裡，下午的陽光照在濃密的樹冠上，連同草地上閃耀著日照的金光，在我腦中的光影鮮明不可磨滅。

回台灣後執教初期，有幾年的時間頻繁來往於幾個城市之間。固定行車路線中有好幾棵都被我視為「大樹座標」，座標定位的過程經常只是偶然一瞥留下的迷人風姿。像是曾有一年春天行車經過，看到的盛放的苦楝，樹冠花團豐盈，紫霧繚繞，恨不能停車下來欣賞。還有圳溝旁一株樹幹壯實的茄苳，蚪曲的樹瘤勝似結痂的傷口，讓人想像它曾歷經的滄桑。另一棵被視為村庄守護神的茄苳，厚實的枝幹和飽滿的樹冠像是一株巨型的青花菜，充滿諧趣！省道旁的一棵樟樹，單側樹幹往外延伸，有如伸手招呼的姿勢，每回經過都想揮手跟它回禮。當然還少不了樹下建有小祠，被當作另類土地神來敬奉的大樹公，或是有著獨特樹形或傳說的榕樹、相思、朴子樹等等，它們在我的地圖上各自標誌了初見時的記憶風景。

我與嘉君結識，一開始卻與大樹無關。寫部落格時受到嘉君拍的各種植物生態的照片所吸引，儘管我們兩人的休閒型態天差地別，聊著聊著竟然也就成了十幾年的朋友。而我的日常賞樹經驗，在她開始攀樹後，有如雞犬升天，眼界獲得了「高度」的提昇。我這被文明叢林馴化的身體，本就沒有能耐登高涉險進入深山老林。嘉君不但披荊斬棘的直達人煙罕至處、在樹下拍攝魁梧的巨木，還親自攀樹，自數十公尺高的樹梢傳來俯視山谷的視野。那是我從未想像過的垂直賞樹的角度，我坐在螢幕前微張著嘴，無聲的讚嘆現代科技帶來的共享經驗。

說是共享，其實我們能分享到的不過是嘉君體驗的萬分之一。那山嵐霧氣、雲層掠過天空帶來的山色變化，林中枝葉的芳香氣息，乃至蟲鳴鳥叫、溪澗潺流的天籟，空氣中似乎連膚觸都可感知到的神聖靜謐，萬萬無法複製重現。能不時融入台灣的山林，體察天人合一的至福，嘉君毋寧是有福之人。

至高與至微

認識嘉君之後，我才粗粗的瞭解了什麼是附生植物。透過嘉君的眼，知道了數十公尺高、拔地而起的檜木樹冠上竟然有各種附生植物組成了一個別有天地的空中植物園，對我們這種無緣親自目睹的人而言，好像聽說了在太陽系外又發現了另一個有人類居住的星球一樣的驚詫。一葉蘭空中花園光是想像就令人神往，嘉君提出一棵樹就是一個生態系的概念更加令人歡喜讚嘆。在至高至巨的樹上、附生著各種生物的樣態，除了苔蘚、地衣，還有肉眼無法分辨、至微至隱的眞菌、藻類。透過這須彌芥子般的對比，巨木像是暗示著某種奧祕，等著我們參透其間的哲理。

敏慧如嘉君，卻不像我等枯坐書齋苦苦凝想，她卽知卽行的設問、規畫、執行，大樹是她的文本，她以精讀、耙梳文本的能耐及眼光，從迎風的枝椏、向陽的樹葉，分析出樹冠層高處的微氣候對生態的影響。她和團隊深入紅檜中空的樹幹，發現了大樹庇蔭下的豐富生態，有如我們解讀文學作品潛文本的弦外之音。

年歲悠長的巨木，樹身就是一部長篇小說，累累的傷痕刻畫了每一年的風雨雷電，以及無數它曾挺過的外力衝擊，每一處痕跡都是一則樹生的故事。「攀樹女王」嘉君自然也不是橫空出世，一蹴就可抵達樹梢。以人體肉身攀爬比例懸殊的巨木，並不像童話中傑克攀上豌豆樹般的順利。多年來我看著嘉君持續挑戰各種運動，諸如滑雪、攀岩、獨木舟、飛輪、冰壺等等。除了她本身的興趣，部分也是在自我鍛練攀樹的技能。高強度的鍛練以及高難度的攀樹任務，偶而也會讓嘉君受傷。致傷的情境不時驚險令人咋舌，也讓朋友們對她的筋骨勞碌心生憐惜。所幸嘉君也自習中醫，深諳保養之道。在此，我願嘉君體魄強健有如嘉樹長青，枝葉騰榮。本書的發表，也能讓國民對大樹的愛護之忱，如樹冠遮護下的苗木一樣，長成山林保育的全民共識。

然則莊子或將撚鬚微笑：「巨木之用，是爲大用！」

是爲序。

推薦序

友誼高度七十公尺

藍永翔／Sky（美國奧勒岡州立大學博士後研究員）

我還記得，一開始認識嘉君，是起源於一場二〇一四年雪霸國家公園舉辦的樹冠層國際研討會。當時我倆走在福山植物園的碎石步道上，初次見面卻相談甚歡，很快就相約幾週後一起去多年前學長姊和我在棲蘭架設的扁柏樣區爬樹。那時候的嘉君，熟知樹上的附生植物卻不太熟悉繩索技術；而那時候的我，完全不懂附生植物，但已經使用繩索在樹上的世界待了很久。很難想像這樣背景迥異的兩個人，幾分鐘就一拍即合（或許也不是這麼難以想像）。

和很多做樹冠層研究的學者不同，在對樹上的生態系統產生興趣之前，我是先喜歡上爬樹這件事，喜歡坐在高高的枝條上看風景。待在樹上的時間長了，才開始好奇這些巨大的樹木，轉頭觀察樹上的環境，想知道它們的生理狀態，想了解這些大樹是怎麼面對生存的挑戰。一開始投入樹冠層的研究，多少帶著年輕氣盛的莽撞，一心一意想要爬最古老最高大的物種。很多年之後我才明白，一起頭就是研究幾百甚至上千年的老樹，在古老豐富的原始針葉林的樹梢探索，其實是可遇不可求的緣分。不過曾經滄海難爲水，後來我就一直沒有辦法離開這個高高的世界。我很享受待在樹上的時光，很享受研究這些大樹的時刻，從樹木本身到樹上的生態和環境，再到生活在樹冠層的生物和微生物，豐富多樣的研究題材滿足了我各式各樣的好奇心。

這幾年，台灣的攀樹活動日漸盛行，民衆對於自然生態的重視和了解日益深刻；但在二〇〇五年，使用樹攀技術做樹冠層的研究還是非常前衛，能一起爬樹做研究的同伴非常稀少，當別人聽到我在爬樹的時候總是會投來困惑和不解的目光。樹上的世界那麼寬廣，能夠研究的主題萬千，要找到能一起胡搞瞎搞的同伴其實沒有那麼容易。所以當我看到嘉君驚見扁柏上滿滿的附生植物而開心分享時（雖然我聽不懂她在說什麼），我有一種找到同伴的莫名喜悅。認識嘉君和 Brian 之後，我們就組成了三人爬樹小組（暫時）。嘉君總是有各種優秀的主意，我搞定技術層面的問題，Brian 負責背負沉重的繩子和裝備（哈）。後來又認識了羅教練和天堂鳥，提升了爬樹小隊的技術層級，我們一起爬了很多很美麗很古老的大樹，還隨便取了野樹探勘小隊當名字。只是沒多久我就出國念書了，號稱是探勘小隊的外派人員，去爬更高更大的樹，在美西慢慢建立自己的爬樹地圖。嘉君也繼續擴張她的巨木版圖，組織了找樹的人團隊，加入了光達技術支援，建立了巨木地圖，現在依舊在尋找台灣最高樹的路上。

嘉君絕對是我認識的人裡面行動力特強的前幾名，短短幾年就能爬出一張海報和一本書。她也是我認識的人裡非常擅於描述的前幾名，很多研究人員（包括我）都缺乏用淺顯易懂的方式述說故事的能力，因此也錯失了傳遞我們眼底風景的機會。但是嘉君不一樣，她用拍攝台灣杉三姊妹的計畫，向大家展示了在山林深處自生自長的巨木樣貌；又用一本書，描繪了她和這些樹木的故事。看著這本書裡書寫的那麼多棵樹，喚醒我很多珍貴的回憶。書裡描述的那些樹，有些我一起去拜訪了，有些我沒有機會參與，但我看著這些文字，彷彿看著嘉君在一棵棵樹上旅行，從一個樹梢，慢慢去到另一個樹梢。

來美多年，當初覺得遙不可及的夢想中的巨木都一一拜（攀）訪（爬）過了，我回頭去看台灣的針葉林，依然是那麼特別又美麗，姿態各異的聳立在山林深處。很多熱愛森林的人會讚嘆加州的紅杉和世界爺（又稱巨杉），說著那麼高大又雄偉的森林是世界遺產。但其實在台灣的山脈深處生長的針葉森林，不管是年齡、樹型、生態，都毫不遜色。甚至在颱風地震頻繁的狀態下，也有超過七十公尺的巨木。我希望你們也能一起透過這本書，跟著嘉君體會樹上的世界，經歷和這些美麗樹木相遇的過程。然後，也許就能明白，原來我們一直和這些古老美好的大樹們生活在同一座島嶼上。這些森林躲過了各種天災人禍，至今仍然在這蕞爾小島人跡罕至之處，樹上樹下，自成一個世界。

自序

天佑山林

雖然我平時就喜歡在網路上寫寫廢文，十幾年累積起來應該也有好幾萬字，不過這本書卻是我除了博士論文外的第二本書。博士論文印了一百本到現在還沒發完，希望這本書能夠印多一點，不然以後會被出版社列爲黑名單永世不得翻身，是說再回到網路發廢文好像也不至於太糟（笑）。

找樹的人這個團名，跟我很多「不著邊際」的廢文一樣，是某天突然在腦袋裡蹦出來的，估計是在騎車、淋浴或爬無止盡的上坡時想到的，上述活動一向是我最法喜充滿的時候。

之前想了很多渾名，譬如「野樹探勘小隊」等等都覺得不行，提不起勁。我這人的個性好像不是很適合當科學家，因爲執行計畫全憑好惡，不喜歡的事逼我做也做不好，所以我要感謝這些年來忍受我的任性的團員們，尤其是居家生活也要忍受我的 Brian。繼續寫下去就要變成致謝了，不然我把序和致謝合寫也罷（笑）。

最後我要感謝從不限制我想像力的父母，雖然寫一本書也要感謝父母好像有點出界，不過這可能是我最後一本書倒也不妨趁機一下。

我媽在我小時候的某個暑假送我去烏來參加營隊當小野人一周，雖然她的出發點可能只是爲了擺脫我們姊弟，卻對我與自然的看法有決定性的影響。後來在大學念到一半時決定轉行，雖然我工設系的同學已經有人存飽退休金了，但我沒有後悔當初的決定，畢竟可以親眼目睹這麼多偉大的樹，大樹們還大發慈悲讓我們爬上去，只能說畢生無憾。

最後要以一句我最愛祈願結尾：期望天佑福爾摩沙的山與林，而台灣的子民能永遠庇蔭於美麗之島的恩澤下！

起點：一棵樹可以是一個生態系

一九九七年十一月五日，一反蘭陽區域冬日的細雨綿綿，這天陽光普照。我一早走北宜公路從台北到福山植物園，吃完便當，下午一點半，開始做這棵黃杞的附生植物調查。

胸徑五十四公分，樹高十四公尺，對當時的我來說已經是了不得的大樹。

我沿著預先打好的L型釘，穿上吊帶綁著繩索爬上樹，選了一個合適的枝幹掛上繩索，扣好身上勾環，請樹下的志工幫我固定繩索基部，完成確保流程。

志工迫不及待離開樹下，去森林裡放風。留我獨自靜靜在樹上取樣。

那天下午我在這棵樹上看到很奇怪的東西，在枝條日積月累的腐質層上，有一叢盤根錯節的植物器官，像是倒長在樹冠層上的樹根，我用隨身的小鋸子鋸了下來，才發現這根是從黃杞的樹幹上長出來的。

多年之後我讀到一篇報告，才知道科學家也有在中美洲發現類似的現象，是樹木爲了增加養分的吸收能力，因而長出空中的根，稱之爲冠根（Canopy root）。

福山植物園是我探索森林樹冠層世界的起點。

一九九六年秋天我考上台大植物所，跟著實驗室的學長第一次踏入這裡時，連學長說中文系都會認的芒萁也不認識。可是我卻對樹上滿滿的附生植物（epiphyte）很好奇，大學在乾熱的嘉南平原求學，回到台灣頭的亞熱帶雨林，彷彿劉姥姥進大觀園，舉目所見皆是不知其名的奇花異草。

接著我回研究室翻原文期刊，讀到一篇一九八四年美國學者 Nadkarni 在哥斯大黎加所做的附生植物研究。不知道爲什麼，沒有查字典，我看到 epiphyte 這個字立即就能和福山的生態景觀相連結，然後向老師說我要在福山做類似的研究調查。

一開始眞的沒人看好。

我連怎麼爬樹取樣都沒頭緒，但在實驗室的木桌底下，找到用萬客隆塑膠袋包著的繩子、一條攀岩鞍帶（harness），以及一個上升器（Juma），似乎是研究室的某位學姊多年前曾在烏來使用過的裝備。我輾轉找到林試所的洪富文博士，初生之犢不畏虎，我衝去植物園找他，在他的研究室開了個小會。林試所前輩先是不看好，後來建議我效法原住民用打釘採種的方式上樹，還幫我找了福山擅長爬樹的技工阿財哥幫忙打釘。

第一次見面，阿財哥上下打量我一番，有點不屑的說你

1 在福山繁茂的亞熱帶雨林中探索樹冠層。（余勝焜 攝）
2 在樹冠層設置溫溼度紀錄器觀測微氣候變化。
3 總是水氣氤氳的福山森林。

1 | 2 | 3

這種（矮胖）身材不適合爬樹啦，然後指著在當兵前來當小助手的 Brian 說，他這種「漏咖」（高個子）的還差不多。雖然後來我在樹上遇過虎頭蜂、打雷閃電，也曾經誤把確保掛在崖薑蕨上，一年後還是四肢健全的完成了論文畢業。研究結果告訴我，福山的亞熱帶雨林，附生植物的生物量並不輸哥斯大黎加的霧林生態系。

某次演講中有聽眾問我是因爲喜歡爬樹而爬嗎？我回答是因爲想要知曉樹上的世界而爬，不必要的話我是不爬樹的。

不知道我的回答是否讓聽者失望，不過這個回答絕對是眞心誠意的。自從第一次造訪福山植物園被附生植物魅惑後，每次我看到一棵樹，尤其是肉眼看不透的巨木，或複雜的樹冠結構，我就難以克制想要攀上去一探究竟的衝動。

研究附生植物的人都知道，老樹和小樹上面的光景很不同，如同長者隨生命歷程所累積的智慧一樣，一棵樹隨著歲月流逝，樹冠層裡隨著時間建構的生態系也會越來越複雜。你沒看錯，生態系。對我來說，一棵樹就是一個生態系，充滿我想解釋卻還不能完全明瞭的生態運作。從肉眼無法分辨的真菌、藻類，到較爲原始的地衣、苔蘚，然後結構比較複雜的微管束附生植物社群的建立，當樹冠層夠大、累積的土壤越多之後，有時候連森林地表的一些植物，甚至是小喬木也會在這裡陸續出現，然後無脊椎動物、昆蟲、兩棲類也跟著進駐，最後吸引了哺乳類、鳥類等大型動物來造訪。

一棵樹可以是一個生態系。

你怎麼能不著迷？

邱騰榮 Brian

結識快超過三十年的人生伴侶，Brian 也是我進行第一個樹冠層研究、福山的附生植物時當然的小幫手，一直到現在還是，不知道該說是誤上賊船，還是天作之合（大心）。

1 福山的闊葉林生態是我研究樹冠層生態的起點。
2 在福山拍攝樹冠層生態研究紀錄片。
3 花朵很有特色的長果藤，是福山常見的附生植物。
4 東北季風初起之時就是日本捲瓣蘭的花季。

1	2
	3
	4

與台灣杉奇萊哥的約定

一九九四年暑假，我還是純純的工業設計系大二生，參加了成大登山社所舉辦、爲時五天的能高越嶺健行，這次橫斷中央山脈的行程是我首度在山中過夜健行。到了第四天，我不專業的籃球鞋底在天長隧道裡整個脫落，當我疲憊的靠在奇萊壩附近休息時，對岸溪谷的一棵高樹吸引了我的目光，那是一棵從溪底拔地而起的高樹，雖然那時我是一個戶外經驗很少的設計系學生，這棵樹的高度還是讓我十分讚嘆，樹高應該超過一百公尺吧？當時我想。

也不知道是不是這次的橫斷經驗，暑假結束後，我開始選修生物系的植物課程，然後進入成大生物系的小草研究室，從頭學習植物。

北上就讀台大植物研究所，畢業後進入國內的林業研究單位任職，同事很多都是樹木專家，某日與同事聊起我曾在木瓜溪谷看過一棵很高的樹，同事說那一定是肖楠。

我實在很想重訪這棵樹，終於在十年後的二〇〇四年，帶了兩位同事重訪能高越嶺東段。不過，當我們三人站在溪谷對岸看著這棵樹時，我有點失望，因爲若是用人當比例尺，估計大概只有五十公尺高左右。那時雷射測距儀還不普及，林業測計人員都是用三角測量，我們也沒有這麼認眞帶上專業的測量工具，總之隔了十年後再訪，結果可以說是失望的。

後來我走遍世界，看過世界上最高的樹紅杉，這棵樹的身影還是在我的腦海揮之不去，我永遠記得這棵樹透過雲霧、直挺挺的對一個疲憊的年輕健行者所展現的霸氣。

1 本來要計畫貫通台灣心臟地帶的台 16 線，還好後來沒有實現。
2 與奇萊哥對峙一方的另一棵高大的台灣杉，或許改天再去爬（笑）。
3 在奇萊壩旁擎天而起的台灣杉奇萊哥。

1 | 3
2

直到二〇一四年，我遇到一群攀樹夥伴一起探索樹冠層，才大大拓展了我的樹冠層研究高度。從原本的熱帶闊葉樹，拓展到目前的針葉巨木樹冠層。登上台灣杉三姊妹之後，我回想起奇萊壩的這棵樹，那樹型應該不是肖楠，而是台灣杉吧？

於是那一年我組織了探勘小隊前往，也順利了登上這棵樹，就在我第一次見到它的二十年後，確認了它是一棵台灣杉。因爲長在奇萊壩附近，當天我們還買了奇萊牌米酒煮薑母鴨，就順勢將台灣杉命名爲奇萊哥，捲尺量測它的高度是六十一公尺。

二十年來，台灣杉彷彿亙古不變的佇立在陡峭的木瓜溪谷，我卻已經不是當初的我。

第一次遇到這棵樹以後，我做了一個改變我一生的決定，從就業有保證的工業設計系跳槽到被鄉民公認是生涯坎坷的生命科學系，然後又選了其中更冷門的樹冠層生態研究作爲終身的研究課題。

碩士畢業後，我仍抱有一些有關附生植物的研究想法，但是不管繼續深造或是進入公部門的研究單位都被打槍，只能做著自己不喜歡也不擅長的行政工作，那幾年我很迷惘。終於在第二次拜訪這棵樹的隔年，我下定決心要轉換環境，與老公 Brian 遠渡重洋，貸款求學。

在荷蘭，我從指導老師（自己也是博士生）身上學到一套模式工具，可以解決我一直想問的：氣候變遷對附生植物會產生甚麼影響？

之後輾轉認識算是附生植物研究上的大師 Jan Wolf，他後來成爲我的博士指導教授，我熟悉這套建模工具後，回到台灣花了六年完成博士論文。

研究生涯一路走來跌跌撞撞，有時候覺得自己過分執著。一定要做樹冠層的生態研究嗎？我問自己。

或許這是奇萊哥跟我的約定。

1 天堂鳥站在奇萊哥的樹基打量拋射樹冠枝條的位置。
2 2011 年遠眺天長斷崖的東向出口。
3 2014 年通過天長斷崖時，東向出口已斷成兩截，十分驚險。
4 羅教練幫我跟 Brian 在奇萊哥上留下難得的合影。

1 2 3 4

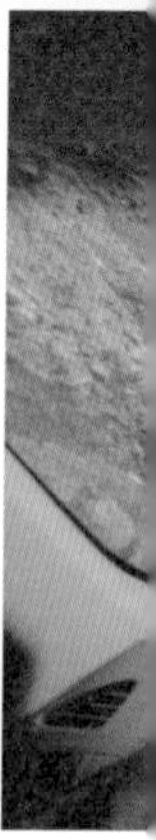

威氏帝杉奇遇記

我雖然不是很用功的植物學家，不過按照 Brian 的說法，應該是運氣值很高的科學家，在過去的研究生涯裡，也算有幾個可以拿出來說嘴的植物奇遇記。

而且雖然我不太會認植物，記憶力也不怎麼好，不過我對稀有植物倒是有一點奇怪的直覺。記得研二時有一次在萬大南溪採集，那天陡下一千多公尺，下到頭眼昏花，膝蓋疼痛，幾乎沒什麼採集的心情。但在溪谷的石頭上看到一株很俊俏的蕨類植株時，還是順手收了下來。回到研究室後，精通蕨類的學長看到標本時眼睛一亮，說是很久沒人採過的羽節蕨。我的採集標本號雖然不多，但稀有種比例頗高，標本館志工還稱呼我就是那個採到岡本氏岩蕨的學生。同事也常說我去的地方都蠻難到達的，有可能是好東西。這也算是一種恭維吧？

我生涯中比較值得記錄的是重新發現寶島喜普鞋蘭的原生地，那是一種極可愛的台灣原生黃花拖鞋蘭，一九三〇年由瀨川孝吉首次採集發表後，六十多年以來未有野外採集紀錄。直到我在一九九八年四月的清明連假，與研究室同學在能高越嶺的採集行中，於花蓮北部的石灰岩山區再次巧遇。可惜二年後因爲當時熱門的探險節目無意間將之入鏡，引來了蘭花獵人，再加上豪雨造成棲地大面積崩毀，原本數百株的族群目前僅留存不到二十株，頗令人傷心。

我近年來轉往巨木的樹冠層調查，樹冠層的稀有植物就算分布地曝光，有能力染指的人畢竟較少，除非將樹砍下來採集上面的附生植物。聽起來或許有點誇張，不過這種事在第三世界的原始林裡面還眞的存在喔。

我的好運似乎延續到樹冠層生物調查。二〇一四年我和 Brian 一起攀登畢祿

1 威氏帝杉是北美花旗松的親戚，樹形優美，很有可能是台灣樹高最高的松科植物。

2 第一次探索威氏帝杉就好運發現盛開的毛緣萼豆蘭。

3 威氏帝杉樹冠層上已凝固如同琥珀一般透明的松脂。

4 威氏帝杉的松毬，北美原住民傳說那是利用松毬躲避森林大火的老鼠尾巴。

5 尚未成熟開列的威氏帝杉松毬，飽滿的鱗片非常可愛。

羊頭山，於羊頭山登山口附近看到很多巨大的威氏帝杉，當時就很想爬一爬。隔年九月我們帶了攀樹裝備前往，一攀到樹冠層就看到沒見過的豆蘭在開花，豆蘭是我最喜歡的植物前三名，當初決定轉讀植物所也是因爲在屏東山區溯溪時撿到非常可愛的豆蘭。

全世界的豆蘭估計超過二千種，台灣有三十幾種，且持續發現新種。豆蘭之所以得名，是因爲該屬植物通常有一個圓圓像豆子的胖胖假球莖，上面只長一片葉子，花朵多由雙翅目蠅類傳粉。有的會發出臭味來吸引昆蟲，最特別的是唇瓣基部有一個靈活的關節，昆蟲降落時會被這個機關困住，然後黏上花粉塊幫豆蘭傳粉，基本上蘭花算是植物界比較陰險的分類群（笑）。

不過豆蘭實在是太可愛了，即使個性有點差我們還是可以原諒它。

言歸正傳，我後來把在威氏帝杉上看到的豆蘭傳到蘭花論壇，以及我的好搭檔、蘭花專家余大哥的臉書上求名，結果引起一陣騷動。因爲這種毛緣萼豆蘭的原始採集發表地是在台中的大雪山林道，並沒有幾個人看過，我傻傻的公開之後，導致羊頭登山口一時之間有很多蘭花愛好者去搜尋跟拍照，也讓我見識到社群媒體力量之驚人。

二〇一九年九月，我們在大雪山林道發現當時樹高破紀錄的南坑溪台灣杉神木。天堂鳥攀到七十二公尺的樹頂時，又看到毛緣萼豆蘭在開花，我覺得這種豆蘭實在是很傲嬌，一定要長在視野這麼好的地方才過癮嗎？

之後我又跟余大哥到觀霧去搜尋、據說沒有人在原生地看過的觀霧豆蘭，竟然也一試成功。我們走遍整個觀霧區域的步道，最後在一棵長尾栲老樹上看到一叢正在開花的觀霧豆蘭，於是本人的幸運紀錄再加一。哈哈。

徐啟能（天堂鳥）

每次我跟人家介紹天堂鳥的正職是郵差沒有人相信，因為他的外型看起來就像是特戰隊員嘛。天堂鳥也是最早跟我自薦，說想要一起爬樹做研究的夥伴，找樹的人團隊攻擊手通常也是天堂鳥，有人問攻擊手的定義，就是第一位上樹的隊員，由於野樹的樹冠層隱藏有很多風險，所以攻擊手當然也就是攻擊力最強的喔。

圓滾滾可愛的假球莖是豆蘭被命名的緣由。

檜木頂上的空中花園

以前我在福山做附生植物研究的時候，爬的樹大概不超過二十公尺高，因爲那裡長年受到颱風與東北季風的侵擾，樹冠層無法長得很高。直到二〇一四年跟找樹的人團隊開始四處攀爬測量巨木之後，終於眼界大開，從最初覺得三、四十公尺高的檜木就很高大，到現在會挑剔六十公尺左右的樹不夠看，幾乎不爬了（笑）。其實在台灣的森林裡，超過六十公尺的樹並不多見呢。

說實在的，經過這些年的觀察，我發現樹高和樹冠層生態的精采程度不一定成正相關，樹的年齡才是影響樹冠層生態複雜度的關鍵。上百年至千年的老樹身上滿滿都是大自然的痕跡，有雷擊的焦痕，也有因暴風雨斷折的傷口，老化中空的樹洞裡有動物棲息的爪痕，樹枝上也有飛鼠等樹冠層動物排出的糞便，更不用說那些在樹上的附生植物了，一棵老樹上的附生植物可以輕易超過五十種，用空中花園來形容一點也不爲過。

根據到目前爲止的攀爬經驗，我認爲神木級的紅檜和扁柏（合稱檜木）應該是最精采的。

這是因爲檜木的樹型通常比較開展，有許多橫向的大枝條構成巨大的樹冠層空間，也能累積夠多的腐植土以供樹冠層的植物生長，檜木雖然高度很少超過五十公尺，但通常比闊葉樹長壽。原始林中超過八百年的巨木等級老樹，樹冠層就非常有看頭了。

二〇一四年，找樹的人團隊有幸接受退輔會森林保育處的委託，調查一棵在棲蘭歷代神木園裡最高的紅檜「法顯」。這棵樹的樹幹已經全部中空，管理單

1 攀爬天空之城時心中充滿孺慕之情。
2 泰崗溪水清澈無比，與閃閃發亮如同布滿寶石的溪床。
3 檜木巨木上常見繁茂的附生蘭生態。
4 猶如綠色巨塔一般的扁柏巨木天空之城。

1 4
2 3

位想要確認這株檜木是否還是一棵「活樹」，抑或跟阿里山神木一樣，下方的枯樹是一代木，樹冠層外表其實是在上面萌糵的二代木所形成。沒想到爬上這株在林業人眼中殘破不堪的大樹後，赫然發現其身軀裡庇蔭了許多生物，胖胖的樹幹塔頂約二十公尺處累積了大量的腐植質，有如空中花園般生長了大大小小的霧林帶下層樹種，以及大量的附生植物，甚至在更上方的橫出枝條上長著一株約五公尺高的健康小檜木，形成所謂的「樹中樹」（tree on trees）。

母樹本身還活著。我們後來突發奇想，從樹頂垂降中空的樹洞，竟也順利抵達地面，也就是說，這株檜木即使整株都是中空的，仍是棵活生生的樹，而且是一座承載著生物多樣性的城堡。幾年後我們攀爬神木村的「樟樹公」，也是一棵從頭到腳中空卻依然充滿生命力的樹，只能說大自然的奧妙簡直永遠探索不完。

我第一次在棲蘭爬樹的感想是檜木竟然這麼香，身處香氣四溢的檜木樹冠層，真的能暫時忘卻人間的諸多紛擾。在攀登過程中，光線和濕度都會隨著高度變化，爬到十公尺以上就整個豁然開朗，完全脫離林下的潮濕陰暗，定睛一看，四周大樹的枝條上都是盛花期的一葉蘭，想必過去在被人類濫採前，一葉蘭就是這般豪放吧，現在只有爬到樹上才能想像了。

「樹中樹」現象在老檜木上其實頗常見，檜木雖然是長壽的大喬木，但我覺得它有點附生植物的調調，檜木林下層的倒木上常能看到一整排的檜木小苗正在搖頭晃腦。有人把育苗的倒木稱爲苗圃樹（nursery tree），這是因爲長在倒木上的小苗能夠接收更多陽光，也不需要跟地被的草本植物競爭生長速度，這也是附生植物演化出來的優勢，當你可以適應樹冠層缺少土壤以及水分供應不穩定的環境時，就可以長在高人一等、光線充足的地方了。

爬到棲蘭的扁柏老樹樹冠層上，就能夠看到無數的扁柏小苗，那時候我終於能眞正體會《爬野樹的人》這本書裡所描述的北美紅杉「樹中樹」現象。想到我們在如此迷你的島嶼上，就能夠觀察到與美洲大陸一樣壯觀的巨木生態，就覺得自己萬分幸運。

1 不要說量樹高了，連量測巨木的胸圍都不簡單。
2 鹿林神木上好像空中花園一般的枝椏平台。
3 攀爬天空之城時剛好遇上白石斛的花季。
4 鹿林神木樹冠層中的鸛冠蘭伸出許多長花莖。
5 天堂鳥嘗試從法顯神木中空的樹幹中上攀。

1 2 3 4 5

雲頂上的樹冠層：雪山翠池

其實我的攀樹能力在找樹的人團隊裡應該算普普，不過呢，找樹能力可是名列前茅（手比勝利）。自從二〇一四年開啟攀爬巨木的外掛能力之後，我就不斷在腦海裡搜尋想爬的樹，身爲僞登山咖，當然不能錯過台灣之巔、海拔超過三千二百公尺才會出現的玉山圓柏。

二〇〇七年我在雪霸國家公園執行調查計畫，那時候便對台灣最高湖泊、雪山翠池周邊的玉山圓柏林心生嚮往。玉山圓柏是台灣特有種，由於生長的棲地多半是終年強風與霜雪淬煉之地，常呈倒伏的小喬木形態，很難想像一株不到五公尺的玉山圓柏卻可能將近千歲。雪山山頂東南面的一大片圓柏枯木林，則是一九九一年人爲火災造成的，燒毀的樹木歲數加起來應該好幾十萬年吧，眞是令人惋惜。岳界也有幾株被山友命名的「知名」玉山圓柏，譬如嘉明湖步道的向陽名樹，和東郡橫斷的天南可蘭山望崖名樹。

全台灣唯一可以找到大片直立生長的玉山圓柏就在雪山翠池以及秀姑坪以東的坡地，與長在稜線上蒼勁有力、扭曲糾結的玉山圓柏不同，在豐美的雪山翠池谷地所生長的玉山圓柏氣勢逼人、筋肉結實。

二〇一四年八月，我在 Sky 出國深造前揪她和 Brian 去雪山翠池攀樹探勘。第一天到三六九山莊的行程雖然輕鬆，卻遇上我登山歷程中最恐怖的豪大雨，步道水流成瀑，中午抵達三六九山莊的時候幾乎從頭到腳都濕透。同行者還有一位雪霸國家公園的攀樹高手傳國銘，不過他那一次的任務是到圈谷收集氣象資料，沒有和我們一起往翠池推進。

1 Sky 看到翠池的玉山圓柏後興奮擁抱的模樣。

2 下翠池巍然成林的玉山圓柏。

3 走在霧中的圓柏林讓人煩憂全消。

1 | 2
3

隔天我們入住僅能容納十二位登山者的的翠池山屋，當晚除了我們，還有兩位安靜的年輕人。晚上聊天，才發現他們是成大的學弟妹，學妹劉崇鳳後來成爲知名的山居作家，出版了《我願成爲山的侍者》和《女子山海》等書，學弟小飽是我在花蓮種稻的同學阿寶的舊識，也是青農，從那時起我家就吃小飽米至今，只能說大樹眞的串起我近年來很多奇妙的緣分（拜）。

接連兩天，我們三個人就背著繩子四處尋找目標樹，翠池及下翠池附近有許多漂亮的圓柏和冷杉。彼時冷杉上已經長滿紫黑色的美麗毬果，這個海拔的圓柏與冷杉長得不算高，大概二十公尺左右，不過全世界能在海拔將近三千五百公尺的地方爬二十公尺大樹的地方應該屈指可數，畢竟我見多識廣的荷蘭老師說過，台灣是少數能在高山寒原生態系找到天然樹木界線的先進國家，而且「沒有之一」喔。

在這個海拔的樹冠層已經沒有維管束附生植物，取而代之的是五顏六色的苔蘚和地衣。不過翠綠的苔蘚上依然能看到飛鼠的便便，想必在夜間，白面鼯鼠還是在玉山圓柏的枝條上跳躍滑翔，光幻想這個畫面就讓人神往不已。

攀爬玉山圓柏的感覺是樹身很滑，好像踩在冰面般沒什麼摩擦力，眞佩服飛鼠甚至黑熊可以攀爬這樣光滑的樹幹。後來在奧瑞岡聽頂尖攀樹師 Brian French 的演講，提及他們曾經在奧瑞岡最高的花旗松八十公尺高的地方，記錄到山椒魚的巢穴，眞讓我大開眼界。看來下次要仔細調查玉山圓柏樹冠層的樹洞，說不定台灣的山椒魚也有愛爬樹的個體，這樣我就成就解鎖啦！

藍永翔（Sky）

Sky 算是找樹的人海外代表，因為她在找樹的人團隊成立後半年左右就出國深造了，是真的去美國深造，還為國爭光爬了紅杉跟世界爺。當我還不很認識這位學妹的時候，這位女漢子的指導教授介紹她是先決定要爬樹，再決定論文題目的，雙魚座果然浪漫。

1 雪山翠池獨一無二的玉山圓柏直立純林。
2 台灣冷杉神祕藍色光澤的毬果。
3 高海拔的樹冠層以地衣和苔蘚附生為主。
4 玉山圓柏的樹皮十分光滑，其上好像地毯一樣的翠綠苔蘚。

玻璃底片裡的台灣杉

在台灣山林走跳時，常常看到令人瞠目結舌的大樹頭，因此我最常說的一句話就是：如果能早生個五十年就好了。

戰後經濟復甦的國民政府時代，是山林砍伐最爲厲害的時候，尤其是台灣東部的林道，多半是二戰後才開發的。那時候百業蕭條，山裡「免費」的資源（木材），正好讓人類去開發利用，只是我們不知道的是，這些土生土長的大樹被任意砍伐之後，就算花個上千年也不見得能在原地長回來。

台灣的原始森林在日本殖民與國民政府時代，大概被砍伐了將近四千五百萬立方公尺，總伐木面積將近四十萬公頃，直到一九九一年政府頒布行政命令禁伐天然林後，大規模伐木才進入尾聲。四千萬立方公尺是多少樹呢？如果以最便宜行事的估算法，是將近二十萬棵如台灣杉三姊妹那樣大的巨木，只是以往主要的砍伐對象是較爲珍貴的檜木。

以下我要講一個偽偵探故事，大概在二〇一八年初，我們打算在台北植物園的腊葉標本館規劃一檔台灣杉特展，同事採用一張日治時期的數位化玻璃底片來製作展覽海報，照片主角是一棵挺拔的台灣杉。

不知道這棵台灣杉還在不在？我很想看看它本人。

照片攝於一九二四的大正時代，玻璃底片上反相的手寫字是：左次高山、右大霸尖山。我利用 PeakFinder 對照山型，認爲可能是從鹿場大山方向拍攝，不過放到網路上請臉友提供意見後，朋友說玻璃底片上的附註是反相的，內容卻不是，因此判斷這張照片是從雪山山脈東部拍攝，而非西部。而同一批玻璃

五、沿道に於ける施設景勝

1. 羅東貯木場

構内にありまして水面積は約十萬平方米あります。約
を設け木材の積卸積込に使用して居ります。

2. 天送埤發電所

粁、宜蘭濁水溪の水流を利用し臺灣電力株式會社經營
はれて居ります。

3. 圓山鐵線橋

、彼の有名なる生蕃討伐隊丸山支隊の建設したもので
ります長さ三百六十米幅二米餘附近の風景絶佳であれ

4. 土　場　（海拔高四〇二米）

十六粁餘、森林鐵道の終點にあります。多望溪畔に位
て申分ありません。溫泉は鐵性鹽類泉であつて胃腸病
道が二本ありまして太平山事業地に於て伐採された木
して主索形質はラングレー式七本線六撚徑約一寸保證
ります。

5. 太　平　山　（海拔高一、四〇五米）

心地にして事務所、倶樂部、加羅山神社、小學校、郵
ることが出來ます。倘冬季に於ては南國に珍らしき白

6. ムルロアフ　（海拔高二、三一八米）

粁、約八千尺の高地にして臺灣十勝の一に數へられ、附
回り四方の展望雄大を極め東に太平洋西に次高大霸尖

7. 多聞溪鐵線橋　（海拔高一、五三八米）

クナン溪上に架り多聞溪見晴を連絡して居ります。搭
ります。

8. 源（ミナモト）（海拔高一、九八〇米）

餘附近には上下二段に區劃したインクラインがありま
められ山腹より湧き出る白雲は雄大なる自然美を一層

9. 鳩　の　澤

、深山幽谷の地にありまして多量の溫泉を湧出して
諸施設の中心地が此處に移ること丶なる豫定で遠から

1 在四季林道上看到大小霸與聖稜線。

2 利用 peakfinder 網站對照可能的拍攝地點所見的稜線形狀。

3 林業試驗所收收藏大正時代的台灣杉玻璃底片。

4 日治時期的文獻記載源工作站的海拔與資訊。

1	3
2	4

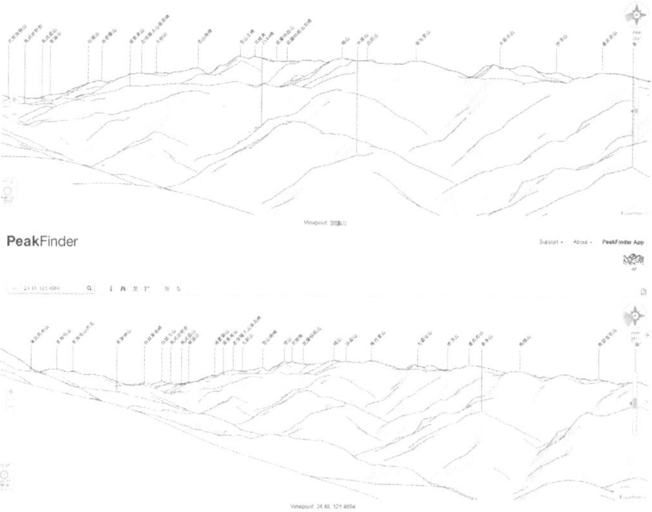
PeakFinder
Support
About
PeakFinder App

底片有一張內容也是這棵台灣杉，附註寫：太平山。源。

朋友說應該是從太平山的加羅附近往雪山方向拍的。

我於是諮詢了古道探勘的社團，剛好有人對舊太平山林場附近的遺跡很有興趣，也進行了多次的探勘。某個溯溪高手網友給我一個很可能是「源」工作站的座標，不過他們是溯溪從乾溝上的，由於溯溪要背很多技術裝備，又要泡在冰冷的高山溪水之中，我實在沒有很愛從事這種太自虐的活動（笑）。

翻閱日治時期的舊文獻，源的海拔是一九八〇公尺，據說當時是深受攝影師喜愛的點，展望肯定很好。剛好那時認識了動物追蹤高手阿超，他也對找遺跡很有興趣，我們討論後覺得由加羅湖步道接近比較有機會，也不至於太操，於是在二〇一八年五月的某天，我們出發去找源の台灣杉。

當天風和日麗，我們在林道上看到一根巨大的樹樁，背景恰恰是大霸和雪山，該不會是這個樹頭吧？我不太想相信，不過太平山林場經歷了兩代政府的砍伐，森林被皆伐的很乾淨（淚）。跟阿超邊打屁邊爬坡，海拔接近二千時，眼尖的阿超忽然看到地面上有鐵軌。後來經專家指認是流籠頭的索道遺跡，於是我們在附近搜尋，阿超又看到某個被草木掩蓋住的建物平台遺跡，看起來我們好像接近目標「源」了。

不過此時已經起霧，而且從此地往大霸和雪山的方向，視野被茂密的造林木擋住了，看來得再安排一次，一大早就來爬樹往雪山的方向看看。

隔了一個月我又找 Brian 和學弟捲土重來，是日藍天白雲，林道上可以清楚望見大霸尖山。我們一大早快腿登到上次的位點遺跡，花了五分鐘爬上樹，發現起霧了，只能看見比較近的香本山，但用 PeakFinder 拍攝來看，稜線幾乎與玻璃底片相同，也就是說我們找到九十年前的拍攝地點了。

只不過如我所料，玻璃底片上的帥氣台灣杉已經消失，看來我應該要早生一百年才對，就可以親眼目睹了。

九十年對一株那麼大的台灣杉應該不算什麼，只可惜它生錯時代和地點了。

1 源工作站附近的建物平台遺跡。
2 源附近發現 1947 年左右生產的進馨汽水空瓶。
3 流籠頭的索道遺跡。
4 疑似是被砍伐台灣杉殘留的巨木樹頭。
5 加羅山步道入口作為地標的雄偉紅檜巨木。

被束縛的老靈魂

二〇一七年春天，找樹的人團隊進入慕名已久的丹大林道，該年的林道路況不佳，我們通過濁水溪上的便橋進入丹大林道後，便由當地的山青臨時調動機車連支援。Brian 和我騎 KTR 雙載，說實在，騎機車比開車還危險，全身緊繃不說，還要背攀樹裝備，騎了三到四個小時才到海天寺，我的手腳根本比攀岩還 PUMP 啊！

之所以會有這趟行程，是因爲在書櫃裡翻到二〇〇四年出版的《台灣神木誌》，有上下兩冊，是記者黃昭國的大作。我是在台北國際書展撿到這件寶，後來還因爲紐西蘭的台灣杉認識黃昭國大哥本人，可見大樹眞的會做媒。

總之那一陣子我們四處狩獵高大的台灣杉，書裡寫到過去丹大林道盡頭的丹野農場卡社溪上游、林務局的七林班，是列管保護的母樹林，除了檜木巨木以外，也有台灣杉，還編號到八十一號，可見台灣杉在當地也是優勢樹種。

於是我找了鬼湖探勘後認識的的金國良（綽號獵人）帶路，他是丹大的孩子，還幫忙找了熟悉當地林班地的布農族人飛鼠，一起前往母樹林探勘。我想黃昭國書裡羅列的樹最高也不超過五十公尺吧，想必丹大的樹也不會特別高大，於是打包了二條五十公尺的攀樹繩出發。

第一天騎了四十六公里的丹大林道抵達海天寺，在對面的松濤山莊、昔日的林務局招待所過夜。海拔二二五六公尺的海天寺建於一九七七年，奉祀了地藏王、觀音與媽祖，廟堂兩側書了「海通山川融河嶽，天開日月相照明」對聯，聽說是在地伐木工的信仰中心。伐木是高風險工作，很多人會拜拜祈求平安。

1 雲杉樹冠層繁茂的二裂唇莪白蘭。

2 台灣杉樹冠層的翹唇蘭，左邊可見橘色的台灣杉雄花。

3 台灣杉鋼鐵人樹冠層的附生蘭小攀龍與鶴冠蘭，飛鼠常在這裡出入還留下糞便施肥。

4 空拍機從空中鳥瞰卡社溪旁的松雲雲。

1	4
2	
3	

我們既然要爬樹也是不能免俗來拜一下，順便欣賞海天寺著名的落日。

丹大林道是振昌木業創辦人孫海在一九五八年修築的，從起點的孫海橋到八林班長達八十多公里。孫海標得丹大林區五千公頃伐木權後，便投資修築這條林道，大量砍伐本區的珍貴檜木出口，東京明治神宮的鳥居在一九七一年重建時利用的扁柏，即是產自丹大山區。只不過振昌木業在砍伐森林後並沒有好好復舊造林，反而轉手給私人農場種植高麗菜，一九八七年《人間》雜誌的記者賴春標深入報導後，引發社會大眾的憤怒，是為第一次森林運動，也間接促成後來政府全面禁伐天然林。

隔日我們從海天寺推進，下切卡社溪還不到一半，就看到超多巨大台灣杉，也有雲杉和扁柏。於是我很任性的立刻改變計畫，決定現地紮營先爬樹測量，首棵選中營地旁一枝獨秀的雲杉，結果馬上破了塔塔加的雲杉樹高紀錄，足足多了二十公尺，高度達到六二．四公尺。因為小看丹大的樹，我只帶了一百米的攀登繩，主繩只能固定在三十到四十公尺高度，離繩以後還要一直往上攻才能到樹頂。

這是一棵很健康的雲杉，枝條密生，可以抓著枯枝與殘留的枝痕徒手攀爬，不過動作要很輕。確保點通常在下方，我覺得頗有攀岩的感覺，玩得不亦樂乎。後來我們用獵人老婆的名字將這棵樹取名爲「松雲雲」，感謝丹大的孩子帶我們來這個巨木天堂爬樹。

隔天上攀附近一棵台灣杉，樹高測量六五．四公尺，攀上樹冠層時還可以遠眺干卓萬稜線，當時整座溪谷的台灣杉都在開花，架設繩索時空氣中瀰漫台灣杉黃色的花粉十分魔幻。這棵台灣杉是一株被鋼索纏繞的索道木＊，於是我們命名爲「鋼鐵人」，後來發現「松雲雲」的樹基也被一圈又一圈的鋼索束縛，令人十分心疼。

＊ 索道木是伐木時用來拖拉砍伐下來木材的支點，通常會選擇高大健康不是砍伐首選檜木的其它樹種。

1 2021 年 2 月至卡社溪探勘雲杉巨木撿到的水鹿頭骨。
2 打檔機車在路況不佳的丹大林道是調查時的重要交通工具。
3 找樹的人攀上碎石坡探勘巨木。（謝安安 攝）
4 找樹的時候橫越卡社溪上游的倒木。

1 2 4
3

想起二〇一四年攀登奇萊東稜時，前往帕托魯山的山徑上有許多昔日遺留的索道木，多數已經枯死，致死的原因是足足有二到三隻指頭粗的鋼索所造成的樹皮環剝結果。由帕托魯山頭下降到沿海林道途中，印象最深的是一株被鋼纜五花大綁的大扁柏，這棵被粗暴的束縛四十年以上的大樹，仍然固執生存著。行經某些人身可以觸及的鋼索時，我會試著用力扳開已經深深吃進樹皮的部分，無奈我手無縛雞之力，想要幫大樹解開當年伐木工人用粗壯臂膀纏繞的堅固枷鎖，簡直是比登天還難。

當晚我在九K工寮輾轉難眠，彷彿能感受到它的痛楚。

《人間》雜誌在八七年二十三期的〈丹大林區砍伐現場報告〉，封面就是一株被緊緊纏勒的索道木。它最後還是被砍下了，我覺得與其被凌遲致死，還不如一刀爽快。

這幾年我們心心念念如同「松雲雲」般被纏勒的索道木，無奈這些樹都位於電力和車輛不及之處。二〇二一年二月底，我們重回卡社溪，攻擊手天堂鳥攜帶了充電式的強力砂輪機，試切「松雲雲」樹基的鋼索，沒想到一試即成，眾人合力將纏繞五圈的鋼索卸下，看著樹脂汩汩流出。

天堂鳥說是流血。

我倒覺得是重生的淚水。

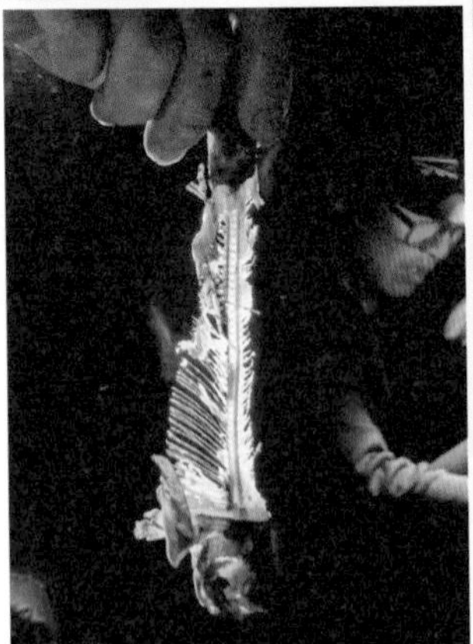

1 天堂鳥用砂輪機割斷雲杉松雲雲身上的鋼纜。
2 台灣杉鋼鐵人身上的鋼纜纏繞情形。
3 小楊是找樹的人出隊時的大廚。（謝安安 攝）
4 釣丹野農場過去飼養逸出卡社溪的鱒魚來加菜。
5 鱒魚湯肉質鮮美吃光光。
6 找樹的人團隊互相幫忙過溪。
7 有時遇到路況不佳只好拿出圓鍬自救 。

台灣杉三姊妹

在世界上，從事樹冠層研究的向來是非主流小團體，不過在這個同溫層中，很少人不知道《國家地理》雜誌二〇〇九年在紅杉國家公園所進行的全球最高樹木「紅杉」的等身照拍攝計畫。當時美國《國家地理》攝影團隊出動了龐大的人力物力，利用架設好的高空索道，垂直移動專業攝影機，拍攝樹高近百公尺紅杉的每一個角度，再透過電腦影像處理技術，拼接上百幅照片完成紅杉的無扭曲等身照片，更透過配置不同高度的攀樹者，來對比巨木的宏偉與人類的渺小，使人們湧起對原始林巨木的孺慕之情。

一幅影像，昭告了原始林保育的重要性。

從事樹冠層生態研究多年，我深知台灣山區原始林的美麗與狂野，絕不輸這些聯合國公告的世界遺產等級保護區，也曾經夢想過類似的拍攝專案。不過一方面礙於經驗與研究資料不足，一方面也無法募集這麼龐大的資金來進行這種攝影專案，所以夢想始終只是夢想，難以實現。

直到二〇一六年八月，我偶然在倫敦的國際樹冠層研討會中接觸到 Jen Sanger 博士，她談到在紐西蘭北島與當地樹冠層研究者合作，拍攝一株樹高約四十五公尺的當地特有針葉樹 Rimu 的等身照片。拜現代繩索攀樹技巧和數位影像技術進步之賜，他們用遠低於《國家地理》團隊的預算，完成了同樣震撼世人的影象。

於是我想時機或許成熟了。我趨前詢問 Sanger 博士是否有意願來台灣拍攝東亞最高樹種之一的台灣杉？很高興她給了我正面的回應。

1 找樹的人第一次攀爬的巨木，香杉 68 哥。

2 Steve 除了是專業的攝影師還身兼攀樹師。

3 上樹前的準備工作。（陸小牧 攝）

4 Jen 是本次計畫的專案企劃也是附生植物研究的博士。（陸小牧 攝）

另一個好消息是，二〇一六年底，由於水文氣象站的資料收集需求，水保局耗資千萬修復中斷的一七〇林道。也就是說，我們可以用車輛載運裝備到棲蘭山的台灣杉三姊妹所在地了。回想二〇一四年時，我們幾個人可是肩負重裝，一步一腳印循著一七〇林道去探勘和攀爬三姊妹啊。

由於棲蘭是一個年均霧日超過三百天的潮濕森林，較乾燥的夏天又可能遭受颱風侵襲，因此我在與澳洲團隊討論拍攝時程的時候，將可能的日期訂在冬季的東北季風剛減緩，而梅雨季尚未開始的四、五月，澳洲團隊也正好可以在結束馬來西亞的調查合作計畫後，順道停留台灣，於是日期就這樣敲定了。攝影師 Steve Pearce 與專案執行 Jen Sanger 帶著重達數百公斤的拍攝器材和攀樹裝備，在二〇一七年四月十八日飛抵台灣，此行預計停留一個月，其中三周都在棲蘭山區露營，進行拍攝工作。

團隊於深夜抵達後略做休息，二十日一早便跟我進入棲蘭山區進行現地勘察。途中 Steve 和 Jen 一直嘰嘰喳喳討論，最後下了結論：台灣的山就是紐西蘭的無雪版本。

他們一到現場看到台灣杉三姊妹，便覺得就是它了，沒有任何懷疑。不過 Steve 提出的現場架設工作，難度意外的高。

這個拍攝計畫的弔詭之處在於所拍攝的台灣杉三姐妹是當地最高的樹木，然而我們需要兩棵比她們高或至少一樣高的支點來架設拍攝軌道，所以只能透過山坡上方的樹木支點來架設。Steve 在現場勘查許久，提出的可能選擇都在超過五十公尺水平距離外，我想到要在離地六十公尺高處瞄準五十公尺外的目標來架設繩索，便頭皮發麻，這個問題只能交給專業的攀樹夥伴來煩惱了。整個大隊人馬預計在二天後的周末、四月二十二和二十三日進駐。

當天我最害怕的事情發生了：下起大雨。由於高空繩索技術支援團隊多數成員都是不支薪的志工，大家平日都有正職，所以軌道系統的架設工作只能安排在周末假日，而當天大約從中午便下起了傾盆大雨，工作人員在淒風苦雨中吊掛在五十公尺以上的高度作業，許多人都全身濕透，冷到嘴唇發紫，地面和高

1 由樹冠層俯瞰樹基的攀登基地。
2 台灣杉樹冠層的小膜蓋蕨。（ Steve Pearce 攝）
3 台灣杉樹冠層的佛甲草。
4 台灣杉樹冠層的附生蘭小攀龍。
5 攀樹人在台灣杉三姊妹前垂降中。（ Steve Pearce 攝）
6 找樹的人在台灣杉二姊與大姊中間橫渡。（ Steve Pearce 攝）

1			5
2	3	4	6

空作業的溝通工作也更加困難。幸好我們的攻擊手天堂鳥在第一發射擊便奇蹟似的將繩索掛到台灣杉與衛星木*扁柏身上，即使能見度不佳，兩者間的引繩也一次就掛設成功，可說是天助人助。大家在幾近失溫的狀態下結束第一天的工作。

隔天再接再厲，趁著一早的好天氣，三個攻擊手分別上樹將繩索支點架設妥當，但還不到中午，整座森林又籠罩在伸手不見五指的濃霧之中，我只能安慰自己是老天爺想考驗我們的決心吧。

接著 Steve 再度勘查，我們決定從水利氣象站發射第二條導引繩來調整拍攝軌道主繩，這次的難度在於，兩地距離將近二百公尺，而且射擊者看不到目標物，地面作業人員要在濃霧籠罩的密林中搜尋發射後不知落在哪裡的透明釣魚線，我連現在回想起來都覺得很絕望，可是我們竟然在二發射擊之後、天色整個暗下來之前完成這項任務，真是叫人不敢相信。難怪在三周後的分享會中，Steve 一直強調在澳洲費時二周的系統架設，在台灣花二天就完成了。台灣團隊的合作無間讓他印象深刻。

其實整個拍攝系統的架設充滿了細節、眉角和戲劇性事件，但我想不必在這裡詳述。拍攝工作結束後，總人力估計，一五六人／天，以及一一四〇公尺的繩索，如此史詩般壯闊的團隊合作，真是太叫人感動了。

此外很幸運的是，除了在系統架設的前兩天遇到大雨來攪局，隨後的二周拍攝期間卻幾乎都是晴朗的天氣，讓現地露營的工作人員不會那麼難熬。拍攝工作結束後，梅雨鋒面卻在北台灣降下近年來破紀錄的大雨，山區豪雨成災，道路中斷，這張三姊妹等身照，可以說是天時地利人和的結果！

現在每當我回想這段往事，都還有點不可置信的感覺，真心感謝福爾摩沙山林的庇佑。

＊衛星木便是架設橫向拍攝軌道的另一棵大樹，我們當時是分別攀爬扁柏與台灣杉二姊，天堂鳥再將橫渡的引繩從扁柏射到台灣杉上，由另一個攀樹人 Brian 取回引繩連接兩棵樹。

1 2014 年首次拜訪台灣杉三姊妹的合影。

2 台灣杉巨木的枝條也是許多樹冠層動物棲息之處，附生植物上有許多動物的排遺。

3 令人想起紅白塑膠袋配色的凹葉越橘，鈴鐺狀的花朵十分可愛。。

4 水苔是霧林生態系的指標植物之一。

5 台灣杉的雌毬果。

6 小巧可愛的東方肉穗野牡丹。

	2	3
1	4	5
	6	

南十字星天空下的台灣杉

被疫情悶在島上的二〇二〇年，我常常想起三年前的紐西蘭之旅。

二〇一五年九月，我收到同事轉寄國際樹木學會紐西蘭分會的一位老先生Graham Dyer 寄給我的電子郵件，內容是述說該協會在大使館的協助下，於一九七二年從林試所取得一批台灣原生樹種的種子，目前栽種在紐西蘭北島的McLaren 公園，生長情形十分良好，其中台灣杉在二〇一〇年被國際樹木協會選爲年度樹種（trees of the year, Taiwania），而有專題報導。Dyer 夫婦在二〇一一年的台灣之行有來過林試所，老先生最大的願望是在原生地看到野生的台灣杉大樹，他在信中詢問我們是否需要到玉山山區、行程安排等問題。我回信告訴他不用跑這麼遠，僅需花一天到棲蘭山區便有大樹可以看，我很樂意開車帶他們前往，同時把我寫給樹冠層協會的三姊妹探勘文章寄給他們參考。

老夫婦於二〇一五年十一月來訪，我和 Brian 開車帶他們到棲籣山區的一六〇林道看台灣杉野樹，七十幾歲的 Graham 望著挺拔的巨木久久不能自己。他回國後寫了一封充滿感激的道謝信，說原來自己親手種在紐西蘭的台灣杉只是小 Baby 而已，原生地的老樹氣質實在太不一樣了，他還把此行發表在紐西蘭樹木學報，文字間透露出他對台灣杉的戀慕之情。

行文至此先寫句題外話，二〇一六年三月找樹的人團隊帶《ＭＩＴ台灣誌》的攝影團隊到一六〇林道，便是攀爬並拍攝這棵台灣杉野樹。人跟樹的緣分眞是很奇妙。

更巧的是，我在二〇一六年八月到倫敦參加國際樹冠層研討會、邀請澳洲

1 Graham 在 40 年前手植在 McLaren 公園的台灣杉，已經長成樹圍將近 3 公尺的大樹。
2 Brian 跟我在 Graham 的莊園裡參觀他手植的許多大樹。
3 Graham 手植的台灣五葉松，造型十分奇特。
4 Dyer 老夫婦十分好客，幫我兩安排了當地著名的樹冠層探索生態旅遊活動。
5 紐西蘭跟台灣一樣，是以蕨類生態聞名的島嶼國家，奧運代表隊的制服都是以蕨類為圖騰。

	2	3
1	4	
	5	

的 Jen 和 Steve 來台拍攝棲蘭台灣杉三姊妹等身照時，Dyer 夫婦則從紐西蘭寄了二〇一六年春季號的紐西蘭版《國家地理》雜誌給我，封面故事就是報導澳洲團隊在紐西蘭進行的第一個巨木等身照拍攝計畫，樹種是紐西蘭的特有種 Rimu。Jen 在臉書看到我分享的雜誌封面十分興奮，想來台灣杉似乎串聯了世界各地的人們，我深感奇妙。

Dyer 夫婦在信中熱情邀請喜好戶外活動的我跟 Brian 回訪他們的莊園，我對生長在南半球的台灣杉實在很好奇，便安排在二〇一七年十月初的紐西蘭南島之旅時，順道前往他們在北島 Tauranga 的農莊。

老夫婦開了幾百公里的車到奧克蘭機場接我們，抵達當地後，我們才知道他們是十分有地位的傑出農民，雖然年邁，仍然照顧三十餘公頃的奇異果園。老先生與奧克蘭植物園關係密切，引進栽培許多珍貴樹種，甚至把他栽培的一些珍稀樹種的種子運回原生地，協助復育計畫。

老先生在莊園晚餐時展示一九七二年台灣大使夏功權的信給我看，原來當初他們請大使幫忙索取台灣原生樹種的種子時，正是台灣退出聯合國後兵荒馬亂之際，所以這封信從頭到尾都在抱怨當時的中共政府之不公不義（笑）。還好後來老先生順利拿到種子，在地球的另一端種起來了，如今McLaren公園裡有台灣區，種了數十種台灣的原生樹種，其中台灣杉已經將近三十公尺高，樹圍達三公尺。讀者如果有機會在疫情後到訪紐西蘭，務必安排時間來看看這些在南十字星的照耀下，過著與原生地相反春夏秋冬的台灣樹木們。

1 Dyer 家的奇異果農場。
2 Graham 與他精心培育的珍稀樹種瓦勒邁杉。
3 Graham 的孫兒養的雞。
4 Dyer 老夫婦在北島的家。
5 Graham 會升起訪客的國旗以示歡迎之意。
6 遠眺 Dyer 家的莊園一角。

1		4	
2	3	5	6

「幻影」終成幻影

二〇一五年我跟 Brian 帶紐西蘭 Dyer 夫婦到棲蘭看野生台灣杉時，行經一〇〇林道一九・五公里轉彎處，迎頭就是一棵高人一等的巨木，足足高出周圍的柳杉造林地二到三十公尺之多，叫人不注意也難。

那時的我還不太會從遠方以樹型判斷針葉樹種，只是直覺認爲是台灣杉，暗暗下定決心要來攀爬調查這棵讓人無法抗拒的巨木。

一個月後的耶誕假期，Sky 從美國回台灣度假，行動派的我馬上約了找樹的人（那時候自稱野樹探勘小隊）原班人馬去爬樹。

天堂鳥只帶了一捆用來拋繩的釣魚線，架設繩子時又卡了幾粒彈頭在樹冠層，雖然我們盡力將纏繞在樹冠層的釣魚線回收，費盡心思解開釣魚線上的千千結，釣魚線還是不夠用，於是大家一邊說幹話，一邊下山採購。幸好只開了五十幾公里到玉蘭村就發現雜貨店有賣堪用的釣魚線，雖然號數不太夠，也只能將就，畢竟再開到宜蘭市去買的話，當天就回不了棲蘭了。

晚上回到十五K山屋點檢裝備，長夜漫漫，我們升起爐火，我在天堂鳥的協助下，用 Sky 幫我從美國帶回的攀樹繩，編出人生第一個繩耳。野外工作雖然辛苦，但夜晚在營地跟夥伴打屁聊天大概是我最享受的部分之一。

隔日再戰，我們繼續架設攀樹繩，十二月下旬的棲蘭浸淫在濕冷的東北季風之中，濃厚的白霧一下籠罩著我們的樹，一下子又霧開天青。羅教練說這棵巨木在霧中如夢似幻，不如取名「幻影」，沒想到羅教練如此浪漫，大家都舉雙手贊成。

1 香杉的樹型總是如此挺拔不群。

2 攀附在樹冠層，往下看是幻影挺拔的樹身。

3 跟幻影同處於白霧中的 Sky。

4 香杉的毬果。

5 香杉巨木樹葉的鱗片會變得較短不刺手，比起小樹好相處很多。

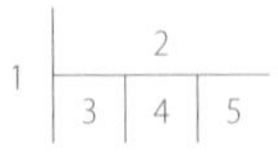

好不容易架設好攀登繩，總說自己老了的羅教練一馬當先攀上去，最後五個人都攀上幻影的樹冠層。由於是森林中的突出木，擁有幾乎是三百六十度的展望，沿著向澄透空氣伸展的樹枝，我往溪谷及遠山望去，原來這就是你每日所見的景色啊！我拍拍巨大如一堵牆的樹幹，往底下看是自然界少見的直線，好似沒有盡頭。

遠方是南湖山區的稜線。幻影十分健康，樹冠層的新枝長滿新芽與毬果，睥睨著整座森林的中下喬木，不知道毅然聳立了多少年？

如同棲蘭的許多巨木，幻影的樹冠層棲息著許多附生植物，有小攀龍、珍珠花、擬水龍骨、著生杜鵑、白石斛、玉山茀蕨、大枝掛繡球，以及細葉蕗蕨等等，樹高測量是四四．六公尺，比想像中矮一點，樹圍五．七公尺，算是棲蘭山區的中壯年巨木。

之後我攀爬了本野山的台灣杉，再檢視我在幻影樹冠層所拍攝的毬果，與團隊在棲蘭攀爬的第一棵巨木六八哥做比較，赫然發現幻影與六八哥都是香杉

（亦稱巒大杉），並不是台灣杉。後來我爬得巨木多了，才知道台灣原生的香杉、台灣杉和雲杉，都是高度能夠超過六十公尺以上的巨木。還好我現在遠眺巨木就能猜測樹種，八九不離十，也算是有所成長。

之後我到棲蘭做調查時，每次經過一〇〇林道十九K處，都會停下來跟幻影打個招呼，幻影是我在棲蘭最喜歡的老朋友之一。

二〇一八年二月過年期間，我邀請美國的攀樹專家 Brian French 跟我們一起在棲蘭用光達點雲來探勘巨木，他多年前就用同樣的方法探勘美國西北太平洋沿岸的巨木。我在二〇一六年訪美時認識 Brian，他技術高超，在野樹攀樹界自稱第二大概沒幾個人敢自稱第一。他因爲與我的先生 Brian 撞名，所以每次都自稱 Brian 2號，是個非常幽默好相處的攀樹專家。

爲了讓探勘行程順暢，我在 Brian 2號來訪前做了不少準備工作，不料就在他來訪前的二月初，棲蘭史無前例下了超級大雪，管制站通知我無法進入一〇〇林道時我還有點不相信，直到親自開車到棲蘭目睹大雪，才發現這個熱帶

1 幻影在青空下挺拔的樹型。

2 香杉裂開的枯枝仍十分堅固，裂隙中長出珍珠花的小苗。

3 著生杜鵑是台灣唯一附生在樹冠層、且開黃色花朵的杜鵑，通常只長在老樹上。

4 香杉樹冠層看到繁茂的珍珠花，與四周活躍的飛鼠留下的糞便。

5 香杉的枝條，較大的毬果與較長的葉部鱗片可與台灣杉作區別。

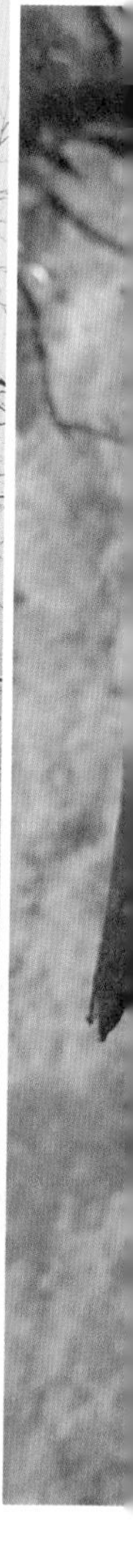

島嶼的生物對雪有多麼陌生。

整個棲蘭安靜到不行，一〇〇林道堆積了大概有五十公分厚的粉雪，雪上都是動物的腳印。林道兩旁的檜木，原本用來截留霧水的細碎葉片，完全無法招架大雪，於是樹倒枝斷，現場人員只能用推土機清理到六K左右，車輛就無法前進了。

Brian 2號到台灣後，我們大隊人馬足足花了一整天的時間用鏈鋸清理林道，才使車輛抵達台灣杉三姊妹附近。突然的大雪讓許多小動物都凍死了，我在十五K山屋旁看到一頭毛茸茸的小山羊被凍成冰棒，山裡的屍臭味直到當年四月才消散。

那一次的巨木探勘最後以超過一百公尺的斷崖阻路而失敗，不過也開啟了後來我們精進光達搜尋巨木方法的契機。工作結束後我帶 Brian 2號去看老朋友幻影，不料卻是一片空白？我以爲我記錯位置了，但不可能啊！

我赫然發現幻影倒下了，在山坡上碎裂成兩段，當初倒下時想必驚天動地，可是爲什麼？我心中充滿不解，它基部的土塊裡還有碎雪塊。後來我猜想應該是劇烈降雪在棲蘭土壤造成的凍拔作用＊，使幻影的根基部鬆動，最後無法承受樹的重量而倒下。畢竟幻影位於皆伐後的造林地，該處的土壤已受過擾動，加上幻影樹形高大，過去很有可能被做爲運送木材的索道木，基部已有受傷。

本來我以爲巨木是永恆不朽的，沒想到它們的生老病死跟人類一樣突然，幻影雖然終成幻影，它的故事卻在我心中種下想幫台灣巨木留下紀錄的想法，促成往後的巨木地圖計畫。

羅際煜（羅教練）

羅教練本人雖然是台灣前一百名完成百岳的前輩，卻一點也不顯老，體力還是前段班，加上經驗老道，野外經驗豐富，可說是找樹的人團隊大長老，出隊的時候只要有羅教練在，我頓時覺得肩膀上的重擔少了一半。

＊在會下雪的溫帶地區，土壤會因為反覆結凍溶解，膨脹收縮的作用使作物的根系脫出土壤而倒伏，稱為凍拔作用。

1 香杉巨木通常枝條非常少，攀爬起來曝露感很大。

2 近年來因為人類謀取香杉芝的關係，許多香杉巨木因而被盜伐。

1 | 2

塔島的王桉

就在 Steve 和 Jen 來台灣拍攝台灣杉等身照後一年，我們也禮尚往來，飛到南半球回訪 The tree project 團隊，這個只有兩個成員的迷你團隊。

雖說成員只有兩人，卻也成就了許多不得了的事，除了到世界各地拍攝巨木的等身照以外，這對賢伉儷也在故鄉塔斯馬尼亞（以下簡稱塔島），以各種方式喚醒群眾對原始森林的保育意識，對抗勢力龐大的伐木公司。

位於澳洲大陸東南方二百四十公里外海的塔島，面積六萬八千四百零一平方公里，約是台灣的二倍大。與平坦的澳洲大陸不同，島上多高山與森林，約四成面積被公告爲爲國家公園、自然保護區或世界自然遺產，蘊藏著豐富的自然資源，可說是野生動植物的天堂。全島人口五十萬左右，其中一半住在首府荷巴特（Hobart）。

然而現實上，塔島也面臨巨大的環境衝擊。位於南半球的偏遠之地，塔島沒有強力的製造業支持，當地的經濟型態多半爲農牧業，在近年來的生態旅遊、酒莊等精緻農業興起前，塔島的經濟收入主要仰賴伐木和開礦，過去南半球最大的紙漿公司 Gunns limited 便是以塔島的原始森林做爲大本營出口紙漿材所需的木屑原料，主要出口到東北亞的日本。

Gunns 雖然是塔島最早的植物學家後代所創立，不過這家公司過去的做法引發了諸多爭議，譬如說在原始林空中噴灑殺蟲劑後予以皆伐，以及試圖收買國會議員不成的醜聞，二〇〇五年還起訴二十個環運團體及個人，求償七百八十萬澳幣，沒想到卻引起二〇〇六年的大規模示威活動，後來公司以撤訴收場。

1 在甘道夫樹頂眺望遠方幾乎都已經被砍伐更新成造林地。
2 Steve 在整理攀登甘道夫的百米繩。
3 Steve 教我如何和塔島小袋鼠（pademelon）自拍的技巧。
4 在 Steve 在他的住所與傑作三姊妹等身照合影。

1 | 2 | 3 | 4

這間塔島最大的公司在二〇一三年被雪梨的木業公司新森林（New Forests）購併，包含在塔島所有的地產，新森林成爲澳洲最大的林業公司。雖然後來澳洲政府公告將十七萬公頃的原始林劃入森林保護區，但是塔島原始林的災難似乎尚未結束，二〇一六年澳洲政府破天荒的向聯合國教科文組織（UNESCO）提出解編世界自然遺產的要求，以便伐木。

Steve 帶我和 Brian 到護樹團隊抗爭的 Styx Valley 高樹保護區（tall tree reserve），去攀爬塔斯馬尼亞巨木等身照的主角：甘道夫的魔杖（以下簡稱甘道夫），一株八十四公尺高的王桉（Eucalyptus regnans）。

當天抵達甘道夫所在森林時已經是下午三點，幽暗的溫帶雨林內散發出異世界的氣息，不難想像把這株巨木與魔戒中法力強大的巫師連結起來的原因。而秋末的塔島五點便已天黑，所以我們抓緊時間架好繩，Steve 一馬當先上樹，說要幫我們架設樹上的吊床。

咦，在樹上過夜嗎？我還沒有心理準備啊！

這位行動派攝影師像猴子般一溜煙上樹，離繩，然後叫我們準備攀登。我只好穿上全部的衣服（以免凍死）開始攀登，晚餐就是攀登前含的一顆黃金糖了。

不過當我穿越森林地表的中喬木，領略四周大樹環繞的景象時，不禁大呼：太美啦！

等我們兩人都上了樹，也把睡袋等過夜裝備吊上樹，天色已經全黑，此時Steve 發現攀登繩索被甘道夫的樹瘤卡住，漆黑之中也無法排除障礙，便在囑咐我們萬事小心後，自行回車上紮營了。

被留在異鄉巨木上的我們，也只好鼻子摸摸，開始做過夜的準備。兩人一陣手忙腳亂，從四十公尺高的吊床上掉落一堆裝備，還好最終平安撐到天亮，聽到塔島怪鸚鵡（Cockatoo）吵死人的起床號時，竟有股逃出生天的感覺。

翻開外帳一看，哇，好美的日出光景啊！

溫暖的陽光迅速照亮整座森林，各種鳥類忙碌的在森林裡穿梭，連來自亞熱帶的我們也被曬到復活。迅速垂降，喝杯咖啡，吃了早餐，重新與 Steve 攀爬

在甘道夫樹上度過難忘的一晚。（Steve Pearce 攝）

認識這棵神木，這次我們就直接攀爬到八十幾公尺樹頂的地方了。

其實將近四百歲的甘道夫腐朽嚴重，要攀附到樹頂不太容易，我們在靠近樹頂附近比較堅固的大枝條停下，此處已約七八十公尺高，樹幹仍有近一公尺寬，眞是令人敬畏。想到人類要用鏈鋸把這麼偉大的生物砍倒，再粉碎來做成紙漿材的原料，覺得簡直是暴殄天物的滔天大罪。

像甘道夫這樣的大樹在森林生態系裡可以發揮的功能更多，我們在樹上看到這塊小小的保留區裡，有樹冠層的生物、包含鳥類蝙蝠的頻繁使用痕跡以及各式各樣的附生植物，甚至還有棵塔島特有的芹葉松（Celerytop pine）也在甘道夫上伴生。

從樹頂遠眺，我們看到除了甘道夫所在的小小林分，以及周圍的一些巨木，附近山區都已經伐木過變成造林地了，Steve 甚至從樹頂看到穿越二個稜線遠方的新伐木基地。

The tree project 團隊在來台灣拍攝台灣杉三姐妹等身照之前，花了六十七個工作天在塔島拍攝甘道夫的等身照，希望喚起民眾重視寶貴的森林。我們何其有幸，能在大樹的庇蔭下度過難忘的一晚，只能說大樹的慈悲沒有差別，而人類又打算以甚麼來回報呢？

1 甘道夫歷經歲月風霜，充滿樹瘤，凹凸不平的樹身。
2 Styx valley 裡都是樹高 70-80 公尺以上的巨木。
3 王桉甘道夫的樹皮顏色變化十分多彩。
（Steve Pearce 攝）

1 | 2 / 3

鬼湖山區的台灣杉

我從二〇一四年開始對巨木產生興趣以來，經歷數次大大小小的探勘，也會在森林探查時，趁便拜訪許多林業耆老或常出入山區的朋友口中的巨木熱區。

然而說也奇妙，有關南台灣最大的台灣杉生育地本野山的資料，一開始竟然是一位美國人告訴我的。

二〇一五年初，我在夥伴 Sky 的牽線下開始與美國學者 Steve C. Sillet 通信，他就是《爬野樹的人》這本書的主角，也是美國《國家地理》紅杉等身照的主事者之一，算是攀樹界的明星。他介紹我認識另一位學者 Bob van Pelt，此人收集了許多台灣伐木史前後的資料，並提及在南台灣的鬼湖區域，有一片頗有潛力的台灣杉原始林。

眞假？我不記得在二〇一一年雙鬼湖縱走時有看到甚麼令人印象深刻的巨木啊。於是我上網搜尋相關資料，發現二〇〇二年時靜宜大學楊國楨與陳玉峯老師曾經在這個區域做了詳細的量測，還記錄到好幾棵超過七十公尺的台灣杉。接著我在 google earth 飛覽這個區域的衛星航照圖時，無意間看到了大浦山這個地名。

會不會就是台大森林系蘇鴻傑老師在回憶錄裡提及的「台東大埔山的台灣杉老齡林」呢？我的腦袋裡出現了一道曙光。

看來這個區域非去不可。不過回想起那趟雙鬼縱走，必須橫渡快跌死人的崩壁，還要跟數百隻螞蝗在雨中搏鬥，實在有點嚇人。

於是我冒昧在網路上連絡楊國楨老師，沒想到二〇一五年二月他剛好要跟公

1 在本野山位於台灣杉巨木庇蔭下的營地。
2 前往大鬼湖的路上，遇到許多八八風災留下來的崩壁。
3 下山後找樹的人團隊在哈尤溪溫泉洗去一身的疲憊
4 紅鬼湖山區巨大的森氏櫟，因為無經濟價值而沒有被伐倒。

1	2
3	4

視團隊的柯金源導演去本野山區域拍攝台灣杉！

透過柯師傅引介，二〇一六年三月我在魯凱族嚮導賴孟傳（小賴）的帶領下前往本野山，打算好好測量該地的台灣杉樹高。當時缺乏樹高資料與GPS座標資料，我們花了四天辛苦跋涉，抵達本野山谷地後卻有點傻眼：呃，每棵樹都好高，我怎麼知道哪棵最高啊？

當時我只留了二個爬樹工作天，時間緊湊，只好隨意在溪谷區域挑選看起來很高的樹，因爲山坡上的台灣杉雖然粗大，但樹頂多半因爲雷擊或暴風雨等因素斷折了。結果沒想到我們才爬第二棵台灣杉就破了七十公尺的紀錄——樹高七一．一公尺的雙子星，在找樹的人團隊攀登史上保持了好幾年的「最高樹」。

之後爲了表示我對蘇鴻傑老師的敬意，二〇一七年二月又與原班人馬安排了一趟大浦山與紅鬼湖的遠征探勘。因爲蘇老師在其生態研究筆記中，提過這裡是他見過最完整的台灣杉老齡林，應該在知本林道進行伐木前好好做一次詳細的調查。

此次在小賴的嚮導下，從哈尤溪循著他幼時行走山道的記憶進入，他口中老人家的路大部分都崩得七七八八了，一行人千辛萬苦抵達蘇老師回憶錄中提及的知本林道東面，卻發現整座山幾乎都變成造林地。我們在雨霧中從溪谷切到稜線，只見大浦山下一些殘存的台灣杉和紅檜，不過現場有許多令人瞠目結舌的大樹頭，最後用雷射測距儀測量了五棵樹，並在雨中爬了一棵三九・〇八公尺高的台灣杉。

還好在這裡看到數不清的台灣杉小苗，只能安慰自己，如果未來地球不會因爲人類的恣意妄爲而毀滅的話，八百年後應該可以看到伐木之前巨木成林的景象吧（祈）。

1 充滿各種色彩與型態的絕美台灣中海拔森林。
2 天堂鳥在台灣杉巨木下拋射繩索固定點。
3 台灣杉巨木成林的本野山區。
4 台灣杉樹冠層散發種子的毬果。
5 長在台灣杉樹冠層的阿里山豆蘭。

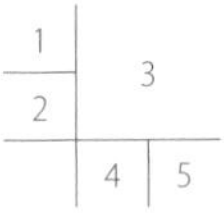

丹大山區的巨木

二〇一四年開始探勘台灣山區的巨木之後，才發現自己在巨木（或是神木）探勘界算是菜鳥，到訪過的巨木並不多，因爲之前做生態調查時，都著重在附生植物等草本植物的身上，樹木本身我不是特別在意。

此外很多伐木時代留下的母樹林，在一九八九年停止砍伐天然林後，林道便沒有再維修，經過年復一年的颱風洪水後，多數都斷的七七八八，所以比起伐木年代，要造訪位於林道深處的母樹林，或經過林道去爬百岳，反而變得更加困難。這些森林在經過幾十年的休養生息後，也呈現另一種原始風貌，人類留下的痕跡，歷經熱帶林所展現的生猛恢復力，往往變得很隱晦，但依然可看出蛛絲馬跡，我覺得這是台灣森林很重要的特色之一。

二〇一八年我們測量破樹高紀錄的丹詩神木，正是這樣背景的一棵樹。丹詩神木是一棵樹高七一．九公尺的台灣杉，我想我們應該不是第一個發現它的人類，因爲大概在樹高十幾公尺處，有一個直徑約五十公分的圓形傷痕，推測是好幾十年前被盜取過樹瘤，傷痕已經癒合長出綠綠的青苔。我很驚訝竟然有人能在這麼陡峭的溪谷邊用鷹架鋸樹瘤，在丹大山區長大的孩子，綽號「獵人」的夥伴說，「在我小時候這裡可是人來人往的地方，才不像現在這麼鳥不生蛋。」

據說不遠處的丹野農場當年算是特許行業，在島嶼的高山地區種植高冷蔬菜，賺進極大的利潤，當時有專門的工班維護林道，畢竟道路中斷一天可會造成巨大損失，載運木頭和高冷蔬菜的卡車日夜不停在林道上奔波，跟現在大部

1 過去被伐木開發做高山菜園而傷痕纍纍的丹大山區。
2 卡社溪谷向晚柔和的夕照迷人。
3 丹絲神木多年前被盜取樹瘤留下的傷痕。
4 丹大的孩子金國良是找樹的人大將之一。背景就是最高的雲杉松雲雲。
5 丹絲神木好像一堵牆高大而堅固的樹幹。

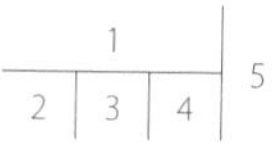

分時間只有水鹿山羊利用的冷清狀態，眞是不可同日而語。

吸引我來丹大山區探勘巨木的是二〇〇四年出版的一本書《神木家族》，作者是追尋記錄神木數十年的黃昭國大哥。書中記載卡社溪的神木家族，提及位於卡社溪源頭尚有大片原生的母樹林，除了檜木，也有台灣杉。

台灣杉？我眼睛一亮。

不過，連接丹大林道的孫海橋多年前被沖毀後，林務局就沒有修復計畫，因此若想要有機動車輛協助運輸攀樹裝備，只能避開夏天的颱風季，選擇在冬春的枯水期進出。

我們首次的丹大巨木探勘在二〇一七年三月成行，不料抵達檢查哨後才發現正在做路面的水泥灌漿，只好棄公務車步行，幸好隔兩天請了當地原住民開車進來接我們，不然可是超過五十公里的重裝苦行。

由於往丹野農場的林道早就斷了，爲了節省時間，嚮導計畫從海天寺下到卡社溪谷，溯溪前往源頭。不料剛下崩壁，我就發現面前有一棵極高的雲杉，附近也有幾棵很高的台灣杉。於是任性的主持人馬上決定下次再去母樹林，直接就地紮營，先測量這裡的巨木。

當天下午攀樹測量這棵雲杉，樹高六二．四公尺，果然破了塔塔加的雲杉紀錄。這棵雲杉因爲生在溪谷，枝繁葉茂非常健康，樹冠層滿滿的附生植物，樹頂還可以抓著枯枝和殘留的枝痕徒手攀爬，不過動作要很輕，確保點通常在下方。我玩得不亦樂乎，感覺在雲杉上複習攀岩運動，非常奇妙。

隔日我們測量一棵枝下高（最下分支點的高度）很高的台灣杉孤立木，樹高六五．四公尺，才知道丹大這裡的巨木不可小覷，樹高都是前段班的，下回得帶長一點的繩子來。不過這兩天攀爬的雲杉和台灣杉樹身上都遺留有鋼索，顯然是伐木時期用來拖拉木材的索道木，叫人不捨。

二〇一八年一月，我們再次到訪丹大的卡社溪區域，這次沿著崩毀的林道又深入了一小段到丹絲瀑布附近，在溪谷之間鎖定了兩株合生而瘦高的台灣杉，果然這次的樹高就破紀錄超過七十公尺，達七一．九公尺，團隊將之命名爲丹絲神木。這是我們除了本野山的台灣杉大本營外，首次記錄到超過七十公尺的台灣杉。位於台灣島心臟地帶的丹大絕對是個不簡單的地方，我們也一定會再次來訪的。

1 攀樹人在丹絲神木的樹冠層合影。
2 台灣杉的雄花在 3 月開花，整個山谷散發著橘色的花粉。
3 下切溪谷時才發現此段卡社溪有許多高大的台灣杉。
4 丹絲神木樹冠層上滿滿艷紅假球莖的附生蘭，攀爬起來要十分小心不傷到它們。

1	2
	3
	4

清八的巨木森林

一直以來，覺得福爾摩沙的山林最迷人之處，便是追尋島嶼上每一代過客的足跡，在被生猛的叢林吞沒後，所遺留下的蛛絲馬跡。

曾經在林道傾頹的道班房裡過夜，透過瓦礫仰望星空，覺得此景全世界大概只有在台灣能輕易享受到，不用跋山涉水個把月，通常只要兩三天，你就能深入島嶼山林的最深處，品嚐山林的美好與你的孤獨。

在二〇一四年攀爬過台灣杉三姐妹之後，我們開始尋訪台灣最高的大樹，而這棵樹有很高的機率是台灣杉。偶然之間我看到一篇報導，提及玉山國家公園在二〇〇七年的一次與布農族耆老清八通關古道部落尋根之旅中，於馬戛次託溪上游發現十二個人也無法合抱的台灣杉巨木。

爲此我特別至水里拜訪了當初帶隊的全洪德（Bagkall，時任玉山國家公園主秘），不過時隔多年，他們當初並沒有留下確切座標地點，而帶隊的耆老也做古了好幾位，感覺重訪的難度很高。

不過我心中始終掛念這片森林，二〇一八年三月在某次海岸山脈的調查中，巧遇熟稔花蓮中級山的賴兄，從他處我取得了清古道東段比較近代的GPS航跡，不過畢竟大樹不是他的調查目標，所以也無法提供我確切的座標。台灣地形陡峭，要在山區搜尋，誤差個幾百公尺就有如天涯海角，所以我當然不會貿然行事。

同年十月，我在一場研討會認識了中研院在日八古道（八通關日治越道線）做布農家屋調查的鄭玠甫博士，因而結識二〇一四年調查清八通關古道東段的張嘉榮團隊，他們有經過巨木森林附近，更留下與巨木合影的照片。這下位點幾乎可以鎖定在瓜瓜圖池區域（Qaqatu，布農語的凹地之義），不過這個區域還是很廣闊，於是我拜託成大測量系的王驥魁教授團隊幫我用光達資料搜索該區域的高樹，他給我了一些座標，其中有三棵高於六十公尺的大樹。

這下我更有信心去拜訪這片巨木森林了。

接近馬布谷的苔蘚森林，傍晚的色溫令人神迷。

有鑑於之前在棲蘭用光達探勘大樹，最後因爲地形陡峭、光達數據失誤的前例，我這次也不敢太篤定。不過，不到現場是無法證實的，好在經歷很多波折後，清八探勘小隊終於成行，雖然我對於找到破紀錄的高樹（目前筆者紀錄是七十二公尺）並不抱太大的期望，不過我很想驗證光達模型的準確度，以及實地測量記錄當地的巨木。

在探勘過程中，我們不時巧遇百多年前的清古道遺跡，這條清國政府在一八七五年爲了鞏固台灣島的統治權所修築、穿越玉山山區長達一百五十餘公里的橫斷道路，由於使用頻率很低，完工後二十年就又埋沒在荒煙漫草中，只剩當地的布農獵人偶爾會利用。

千辛萬苦抵達調查區域，前一晚我還做了一些儀器失常的惡夢，還好調查當天都沒有發生。根據GPS座標到了巨木森林，是一塊微凹的盆地，腐植層軟厚，與苔蘚混合散發著清香，溫暖的陽光透過這些巨木的樹冠層縫隙照射到森林底層，讓人有說不出的愉悅及放鬆感。

成大研究團隊利用樹冠層高度模型推算的三個座標眞的都有大樹，我們利用空拍機到其中一棵樹頂測量，高度的確是光達推估的六十三到六十四公尺左右。三棵樹有一棵是雲杉，二棵是台灣杉，除了雲杉較細（直徑二．三公尺），另二棵台灣杉都很巨大，其中一棵直徑甚至超過三．五米。事實上整座森林都是超大的巨木，有森氏櫟也有威氏帝杉，稱之爲巨木森林實在當之無愧。

後來我們也找到二〇〇八年報導的這株台灣杉，文中提到樹圍超過二十公尺應該是誤植，實際測量是一一．一公尺。而且這棵台灣杉頂部已經斷折，所以樹高只有四十七公尺左右。此行還有一個有趣的巧合，原來我們當中的一位成員小福也參加過當年那次探勘。

不知道百多年前遠離家鄉、橫渡黑水溝而來的清國兵卒，在看到這些巨木時心裡是何想法？我很好奇，同時又有點莫名的感動。

而身爲島嶼的子民，與志同道合的人們一同探尋山林中先祖的故事，又是何其有幸。

1 重訪 10 年前布農族尋根之旅遇到的台灣杉巨木真是令人感動。
2 清八古道中地形最為驚險的就是塔洛木溪谷。
3 美麗的清八巨木森林。
4 瓜瓜圖（Qaqatu）池邊美好的高山櫟老樹。
5 清八古道許多路段的石階都還保存良好。

神木村的樟樹公

記得十年前開始做喜普鞋蘭的復育研究工作時，常跑花蓮秀林鄉山區，因而結識我的登山好夥伴，太魯閣族的 Buya。記得有一次他跟我說，小時候聽長輩在砂卡礑林道夜間狩獵，隊伍裡走最後的人曾有一聲不響就消失的傳說，估計是被雲豹給叼走了。我聽得一愣一愣，他還說某次在清水大山下的溪谷搜救，看到很奇怪的腳印，是馳騁山林多年的獵人沒看過的腳印。

聽完後我的想像力爆發，某種大型貓科動物曾經在台灣的山林裡神出鬼沒。

據說雲豹最喜歡棲息在中低海拔山區常見的大樟樹，縱裂的樹皮很適合貓科動物的爪子攀爬，開展的枝條更適合棲息以及伏擊獵物。

我始終沒有看過雲豹，不過二〇一八年的夏天，倒是看到了很適合這種神獸棲息的神木，就是神木村的樟樹公。

記得那個夏日在一整天精采的蘭花調查之後，傍晚余大哥說想趁便拜訪一位在神木村的老朋友，我當然舉雙手贊成。余大哥的朋友趁最後的天光趕採一批青椒還未回家，於是我們先陪家中九十二歲的阿公打屁喝茶。

我四處晃來晃去，忽然在客廳牆上看到一幅大樹照片，「這棵樹好壯觀啊，在哪裡？」我問。阿公回說那就是神木村因而得名的「神木」啊！然後他孫子超貼心就開貨車帶我這隻台北人去見世面，抵達樹下時天色幾乎全暗，但我還是能實在的感受到這棵樹巨大的存在感，樹形跟我過去看過的大樟樹截然不同，當地人輕描淡寫……，實在是一棵巨大的樟樹啊！樹形看起來一點也不像樟樹，他們輕描淡寫地說以前就是用釘子爬這棵「樟樹公」採愛玉，真讓我驚

1 樟樹公肌理結實而挺拔的樹身。

2 找樹的人攀爬樟樹公調查樹冠層生態。

3 神木村居民客廳內的樟樹公照片。

4 攀登樟樹公之前進行虔誠祭拜。

1 | 2 / 4 | 3

訝。原來跟我們泡茶的阿公直到八十八歲都還在爬樹採愛玉，他們家族是從龍潭遷移過來的客家人，日治時代就是來這裡當腦丁提煉樟腦，而這株樟樹公因爲非常巨大，不僅沒有被採伐，反而建了神社供奉起來。

一九九六年，神木村遭遇賀伯風災，當時神木溪土石如泥流般滾動的畫面震撼全台，社會大眾才知道極端氣候下水土保持的重要性。多災多難的神木村之後又經歷了二〇〇一年的桃芝颱風、二〇〇四年的七二水災與二〇〇九年的八八水災，土石流如家常便飯，二十幾歲的小哥說起土石流發生時、整間祖厝如低吟般震動，靠近河道的樟樹公每次都在被沖走邊緣，甚至樹基堆滿了一兩公尺高的土石，但最後都頑強地存活下來，如同堅忍的神木村村民，緊守自己的家園。每天都會有神木村民騎車或開車來爲樟樹公上一柱清香，我私下覺得樟樹公的存在，是神木村民非常重要的精神支柱。

後來他們還展示二〇〇五年三月神木村下雪時，樟樹公變成雪白聖誕樹的照片。簡直整個刷新我的三觀，我暗自決定要找時間來調查和攀登樟樹公，畢竟誰也不知道樟樹公還能在未來劇變的氣候下屹立多久，我應該替這麼偉大的樹留下紀錄。

於是我在同年十月回到神木村，組織了找樹的人團隊、《客家新聞雜誌》的記者與攝影人員，以及光達測量建模人員來幫樟樹公做紀錄。我們在樟樹公身上調查到三十三種附生植物，測量後的樹高是四六．四公尺，榮登全世界最高的樟樹，也成功登錄在世界神木網站，樟樹公的光達和空拍機3D建模也上傳至中研院網站供大眾欣賞。雖然誰也無法保證未來樟樹公能聳立多久，但絕對能在地球的歷史上佔有一席之地，而不會像雲豹這樣僅能作爲一種傳說。

1 樟樹公樹冠層如同地毯覆蓋的蜘蛛抱蛋。
2 在樟樹公的樹冠層橫渡調查。（羅際煜 攝）
3 天堂鳥進入樟樹公中空的樹幹探查。
4 客家電視台的攝影記者也敬業上樹拍攝。

1	2
3	4

南坑溪神木的發現始末

將近兩年前，我們到大雪山區的南坑溪探查巨木，實際攀爬測量之後，發現樹高打破了丹大山區丹絲神木的紀錄。如今我在臉書和電子郵件中爬梳這一段歷程，深覺每棵樹和我們的緣分都是命中注定的。

二〇一八年三月，我在某次出差途中接到中興大學退休教授許博行的電郵，除了稱讚三姊妹等身照，並詢問三姊妹的樹高和胸徑等基本資訊外，他還透露在數十年的森林調查生涯中，也看過樹高七十八公尺的台灣杉。

七十八公尺？這破紀錄了喔，我趕緊詢問老師在哪裡看到，如何量測的？

他回寄給我一張看似用數位相機努力翻拍的幻燈片，照片中是一株我常看的巨木仰角照，爲了取景最長的樹幹部位，樹幹是對角線，筆直通天，右下方還有某人的背影。大概手持幻燈片很難，翻拍照有點歪斜，我可以想像老人家一手舉著幻燈片對光，另一手奮力平衡翻拍的畫面。

許老師說事隔多年（後來發現是四十多年），記得是在大雪山九八林班，現在已歸東勢處管轄，樹高資料是林試所退休前輩鍾永立告知的，當時請原住民實際攀樹測量，右下方的背影是當年剛退伍的助理杜清澤。

杜清澤？不就我隔壁同事，我們都叫他老杜。

於是我很興奮跑去找老杜，問他是否當過許老師的助理，還記得那棵樹嗎？

他說彷彿有這件事，但已經是快半世紀前的事，當初帶隊的好像是東勢處的顧技正，早已退休。他記得那裡的台灣杉母樹林很漂亮，也是啟發他從事林業調查的遠因之一。

1 攀登南坑溪巨木時在樹頂眺望雪山西稜。

2 森林護管員張永安量測巨木樹圍。

3 終於找到前方目標樹了。

4 台灣杉巨木精彩的樹冠層生態。

1 2 3 4

線索到這裡有點斷掉，我就沒有繼續深究。

後來許老師怕我放棄的樣子，又寄來兩張對焦比較清楚的幻燈片翻拍數位檔，說好像是離大雪山林道二三〇線七公里左右，約二十分鐘路程，非常漂亮的針葉樹混交林。

我可以想像許老師努力回想的情景（笑），後來發現的南坑溪神木的確在這個區域。許老師眞的太神了。

快一年後的二〇一九年一月，濕冷的汐止冬天，我在家中看電視隨意轉台，無意間看到壹電視的森林護衛隊報導，我忽然想到，老巡山員退休了，也許可以問小巡山員？我立刻私訊羅東處年輕有爲的護管員李孝勤。他幫我到群組裡詢問，之後建議我直接聯繫鞍馬山的林政承辦人唐愷良。

愷良很熱心，問過退休前輩和現職護管員後，列出兩個可能有巨木的區域，分別是大安區九八林班母樹林位置，以及二三〇林道十一到十二公里處路旁。

我把位置傳送給成功大學找樹的人夥伴，請他們用光達點雲搜尋這兩區，那時還在爲博士論文焦頭爛額的李崇誠，硬是撥出時間幫我掃描這兩區。他表示只在母樹林區找到疑似巨木的點位，同時把附近可能高於七十公尺的巨木羅列給我。

地形看起來很陡峭，我研究許久，列出兩棵看起來比較有希望的巨木F和E，然後把資料回傳給鞍馬山工作站，想請護管員巡山時「順便」去看看。

時光飛逝，又過了幾個月，我在農航所附近上空拍機課程時遇到資源調查課的葉課長，他提出航照圖或許可以幫助我們先行了解附近的地形，判斷是否有巨木。於是我到他們高科技的資訊室，練習透過不同的螢幕來看那個區域，航照圖看起來近期似乎沒有明顯崩塌，也有一叢叢巨木樹頂的樣子。

我回報鞍馬山，表示要找時間過去探勘，沒想到二位年輕力壯的護管員徐明聖（小聖）及張永安，已經先行一步去F樹探勘過了。他們說路程還好，一天可以來回。

於是找樹的人團隊在二〇一九年八月十三和十四日前往探勘，本來想直接爬樹測量的，結果天堂鳥這個天兵到了二三〇林道才發現忘記帶架繩的空氣槍，只好把此行訂為攀爬前期勘查了。

那兩天天氣還不錯，不過有些路段很險，我們自己找路抵達F樹（根本和護管員第一次走的不一樣）。然後到另一棵E樹途中，有數處坡度超過六十度，且是鬆軟的碎石，團隊在橫渡時險象環生。經過這次探勘，日後請成大王驥魁老師找樹團隊提供資料時，會請他們一併計算巨木周邊的坡度，這也是後來找到桃山神木的原因之一。

那次回來後，我在臉書寫下心得：

#所謂野樹探勘這檔事

這次出發探勘的大安溪台灣杉，在光達樹型測量顯示樹高可能接近八十米，這是目前我們所不曾達到的高度（目前最高紀錄是七十三公尺）。當然光達也不會跟你說那是台灣杉，不過長那麼高的樹目前我已經可以保證八成是台灣杉，這兩天實地探訪後，的確是台灣杉無誤。

大雪山區域有許多高大的台灣杉。

雖然這次沒有實際攀爬，不過以空拍機加雷射測距儀，以及閱巨木還算多的經驗，我推測編號F的台灣杉樹高大概在七十公尺出頭，而編號E的台灣杉大概在六十出頭。誤差怎麼來的？現地勘查的時候，編號F的樹大概長在平均坡度四至五十的坡，而編號E的樹則超過六十，用地面光達點的樹基（藍色箭頭）去推測後，樹高就跟實測差不多了。也就是說以後巨木探勘計畫在實地探勘前，可能先得把坡度超過三十五以上的地區去除才會準，長在超過此坡度的超高大樹，樹高大概都得打個折。目前的例子，在坡度三十五度左右的樹高測量都還算準確，誤差在一到二公尺以內。此外還有一個工作人員私底下的願望，因爲橫渡坡度超過六十的溪谷區域去找樹，像昨天的E樹，直線距離雖然不超過一百公尺，輕裝來回卻花了我們一小時，一不小心可能就要花七天了，感覺有點不划算。

最後我們還是在九月二十八和二十九號兩天去爬F樹，也就是後來的南坑溪巨木。這次遇到午後雷陣雨被淋慘，此外還有夥伴重裝下陡坡時滑倒，順勢壓到坡下的隊友，隊友扭傷膝蓋，傷勢有點慘重。千辛萬苦到了營地，搭好天幕就開始下傾盆大雨，老雨布還從毛細孔漏水。幸好隔日出了太陽，於是我們才能出發去架繩，南坑溪巨木不難架，好像是第二次就成功了，然後依然是我負責加總樹高，發現小破丹詩神木保持的紀錄一公尺！聽說我們在樹上歡呼的聲音，因跛腳而留守營地的同伴都有聽到。

下樹後已經黃昏，迅速收整裝備，陡上海拔五百公尺回到林道，剛好在天黑時雙腳踏上林道地面。由於隔天便有米塔颱風來襲，讓我們這天幸運看到絕美的夕照與雲海，看來颱風似乎也是找樹的人樹高破紀錄的元素之一。

1 攀上巨木樹冠層才發現上面的附生植物生機盎然。
2 近年來探勘時發現台灣山區的箭竹大量開花死亡。
3 在陡峭的森林裡勉強紮營。
4 在南坑溪超過 70 公尺的樹頂看到毛緣萼荳蘭開花。
5 台灣杉巨木的葉片會鱗片化變得光滑不刺手。
6 在台灣杉巨木撿拾的毬果與葉片。

1		4	5
2	3	6	

桃山神木探勘全紀錄

忘記是在第幾次探勘途中，同伴問了一句，「桃山神木是哪種樹？」

「不知道欸，連是不是有這棵樹都不知道哩。」

「那不是很像尋寶嗎？好嗨喔。」

說實在，找樹這件事如果沒嗑一點大概很難堅持下去吧（笑）。

故事要從二〇一九年底說起，找樹的人光達團隊交出了一張漂亮的成績單，找到一百七十二棵超過六十五公尺高的巨木，最高的兩棵都是七十七公尺，一棵在雪山山脈深處的塔克金溪上游，一棵在丹大山區，最特別的是，前者竟然位於平均坡度十度左右的谷地。我們過去發掘的巨木多半位於陡峭的溪谷，常見於坡度超過四十度連站都站不穩的立地，高山溪谷很少有這種平坦谷地，而且在越平坦之處的巨木，光達判釋樹高往往越準確。

將座標丟到探勘社團討論，大家都覺得從桃山推進是比較可行的路線，畢竟高山溪谷走水路上溯是很困難的，而且直線距離才三公里左右，海拔下切一千多公尺感覺好像不難。

二〇二〇年三月下旬我找羅教練一起去探勘桃山神木，羅教練是台灣前一百名完成百岳的資深山友，也是找樹的人大將之一。我發現他帶了山刀和路條時還在想有需要這麼誇張嗎？後來證明還好他準備周全，不然我們可能變成搜救隊尋找的對象了。

四月的第二次探勘我們準備了大量路條以及刀手砍路，不過在距離目標直線距離不到三百公尺處，遇到了銅牆鐵壁般的箭竹海鎩羽而歸。不甘心的我們在

2137
2106
2090
2074
12
23
35
46
58
69
80
92
103
115

1 第 2 次探勘桃山巨木，止於直線距離相差 300 公尺的地方。（圖片來源 : google earth）
2 雨中拍回的空拍機影像，指出疑似桃山神木的巨木群。
3 桃山神木的光達影像，坡度十分平緩。
4 桃山神木（草綠）與周邊巨木的相對生長位置，寶藍色輪廓是乾涸的池子。

1	3
2	4

雨中放飛空拍機，帶回了疑似桃山神木的影像，光達團隊更據此發現桃山神木周邊空照圖顯示有個池子，看起來應該是眞有其樹？實在讓人振奮。

第三次探勘在六月，發現上次阻撓我們前進的箭竹海在開花，生命力變薄弱的箭竹海竟然可以用手勉強推開，於是我們幾乎是滾下箭竹海般陡下進入這塊神奇谷地。說這裡是巨木樂園一點也不爲過，小小的谷地裡長滿了巨大的香杉、扁柏、台灣杉、華山松，我們好像進入了大人國一樣不知所措又滿心歡喜。

航照圖上的池水已乾，變成翠綠的谷地，桃山神木就長在谷地正前方。比較麻煩的是營地水源，我們不太可能陡下塔克金溪的深谷取水，不料勘查乾涸的谷地時意外發現湧泉，慶幸著下次來攀樹測量時就不用擔心水源了。

但不知是否那年夏天雨水太少，平地各大水庫也都拉起缺水警報。二〇二〇年八月二十一日第四次攀樹測量之旅，第二天抵達桃山神木的時候，我先去勘查湧泉的狀況，發現先前水量甚大的泉水竟然乾涸了，眞是晴天霹靂！

協作們只好收集大家的水瓶和水袋，打算下塔克金溪取水，出發前 Brian 用空拍機觀察，發現溪谷很深，於是我又丟了一條繩子給他們，不然取完水回不來就哭哭了。

協作們尋找水源時，我們則出發去架繩。天堂鳥問我，「桃山神木好架嗎？」我回說不好架，因爲超過四十公尺的樹冠被併生的扁柏與小台灣杉擋住，大概只能盲打。

最後天堂鳥發射了七次才成功把繩子架上約五十公尺高的樹枝，還好桃山神木都有把彈頭還我們，不至於彈盡援絕。發射第三次時我去抱了桃山神木，覺得樹幹好溫暖，所以我就放心了，桃山神木應該只是跟我們玩玩，測試我們的誠意吧。

此時協作也傳回好消息，在湧泉的下游區域發現有滲水，不用下到危險的溪谷取水了（灑花）。

是夜營地繁星滿天，還出現了銀河，感覺隔天的攀樹調查會很順利。沒想到半夜兩點下起大雨，下山後才知道是快速在台灣東邊外海成形的巴威颱風。八

1 桃山神木與前景乾涸的池子。
2 找樹的人團隊第一天落腳的鐵杉營地。
3 從桃山神木樹頂眺望下方營地。
4 羅教練在桃山神木樹冠層做繩索固定點。
5 清晨出發桃山的日出照。
6 桃山神木生長的塔克金溪谷。

1	2	5
	3	6
	4	

桃山神木

月二十二日的雨勢很大，這下我們不缺水了，連天幕都快被雨水壓垮了。《MIT台灣誌》的導演麥哥問我雨天會不會爬樹，我回說還是得進行樹高測量，畢竟來一趟不容易。然而我不知道哪來的信心，覺得中午前雨就會停。淒風苦雨到了十點，谷地上方竟然出現一方藍天，還射下微弱的陽光。天堂鳥立刻整裝攀上樹，抵達掛點時垂下測尺到樹基部是四十八公尺，做好記號繼續往樹頂前進。我和羅教練隨後上攀，在接近六十公尺處天堂鳥抵達樹頂，我們接到他的測尺量到記號處，他用無線電回報測尺讀數是三一．一公尺。眞假？我頭有點暈暈，加起來是七十九公尺欸。地面人員也從無線電聽到了，隨卽傳來一陣歡呼，據說在測量前地面部隊有一波下注活動（笑）。

可惜桃山神木似乎不想讓我們慶祝太久，天空又開始降下大雨，遠方還傳來雷聲。我們渾身濕透下了樹，協作小楊已煮好熱冬瓜茶開始煎香腸，我忽然覺得好幸福。

雨勢就這樣持續到隔天早晨我們回程前才停止，只能說這次在颱風雨中完成了台灣第一高樹的測量，眞的是老天保佑啊！

我想起陳玉峯老師的名言，其實是森林一直在救贖我們。在追尋巨木的過程中，雖然身體很疲憊，心靈卻十分滿足。爲了不辜負福爾摩沙山林的天賜，今後我們還是會義無反顧的背起行囊，向山林行去，尋找未知。

一次又一次。

把握短暫晴天攀登桃山神木。

那些附生植物房客

如果生在現代的台灣社會，附生植物應該會被認爲是終身買不起房子的魯蛇，因爲附生植物（或稱著生植物）定義就是，那些萌發在宿主樹木上，生活史的全部或部分時期生長在樹冠層、不與地面接觸的植物生態群。

白話點說就是不腳踏實地，跟大樹租房子住的植物。

不過附生植物與寄生植物不同的是，附生植物生存所需的養分來自本身的光合作用，而非攝取自宿主植物；用比喻的話，附生植物好像森林裡租用大樹公寓、自食其力的房客，與吃住都靠家裡有如「啃老族」的寄生植物比起來，顯得獨立多了。

而森林樹冠層上的附生植物，可進一步分為兩大類：維管束及非維管束附生植物，維管束附生植物包含蕨類與種子植物，體內有專門運輸水分與養分的維管束組織，屬於比較進化的分類群；而非維管束附生植物則以苔蘚及藻類為主（是的，樹冠層也有藻類喔！），其它生長在森林樹冠層上、容易跟附生植物混淆的生物，還有地衣、眞菌和藍綠藻等等。

而光是維管束附生植物，據我的統計，在台灣就將近三百五十種，以蕨類為大宗，約有一百七十種；其次是附生蘭花，大概有一百二十種，但隨著樹冠層研究的深入，我相信未來還會有更多附生植物的新物種被發現。

全世界大部分的維管束附生植物，幾乎只分布在熱帶的潮濕區域，也是海島型氣候的日本，因為冬季降雪的溫帶氣候，只有約五十種的維管附生植物。歐洲大陸由於過去冰河期的影響，附生植物更是屈指可數。而台灣屬海島型氣

1 人工柳杉造林的附生植物較為單純，以苔蘚植物為主。

2 附生蘭是台灣原生附生植物第二大分類群，第一大是附生蕨類。

3 玉山茀蕨是台灣海拔分布最高的附生植物，攝於南湖山區。

1 2 3

候，在冰河時期不至於過於寒冷而保有較多的附生植物種類，中央山脈大面積的霧林帶，也特別適合喜歡溼氣的附生植物生存，對研究者來說十分幸運。

是說好好的附生植物爲何不腳踏實地，偏要選擇住在沒水又沒土壤的樹冠層半空中？其實在茂密的熱帶或亞熱帶潮濕森林中，植物之間的競爭十分激烈，爲了爭取得來不易的陽光和生長空間，附生植物只好遷居到高高的樹上，並發展出截留空氣中水分及養分的技巧，在型態及生理上演化出一套構造來適應空中生活，以彌補無法從地面獲得水分與養分的缺憾，例如鳥巢狀的型態來截留降雨、海綿般的組織來儲存水分、肥厚多汁的假球莖來儲存水分及養分、葉片表面的絨毛或鱗片來吸附水氣及防止水分的蒸發等等。某些附生植物更發展出景天酸代謝型的光合作用機制，一種類似沙漠裡仙人掌的光合作用方式，於夜間冷涼時才打開氣孔吸收二氧化碳，以減少水分的蒸發。

許多附生植物利用攀爬的走莖、無性繁殖來擴展自己的分布範圍，此外，附生植物的種子多半十分細小，採用人海戰術，於樹冠層高處大量隨風傳播，若

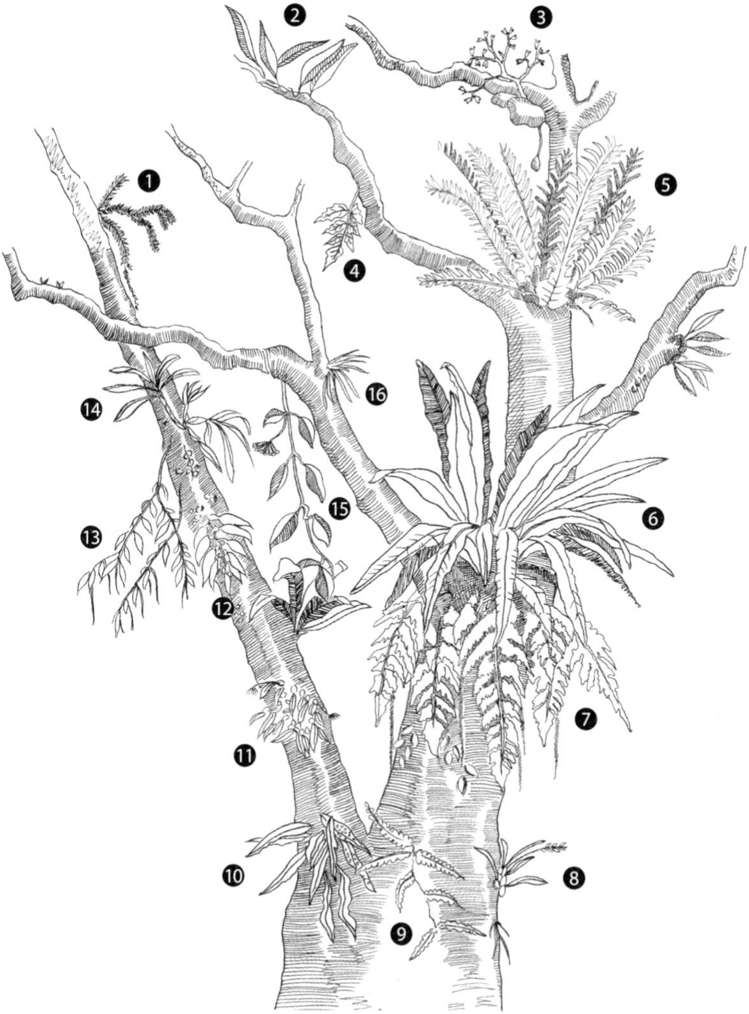

❶ 福氏石松	❷ 石葦	❸ 凹葉越橘	❹ 海洲骨碎補
❺ 崖薑蕨	❻ 山蘇花	❼ 大黑柄鐵角蕨	❽ 一葉羊耳蒜
❾ 瓶蕨	❿ 波氏星蕨	⓫ 黃萼捲瓣蘭	⓬ 柚葉藤
⓭ 長果藤	⓮ 樹絨蘭	⓯ 毬蘭	⓰ 姬書帶蕨

福山樹冠層多采多姿的附生植物生態（作者手繪）

1 紅斑松蘭生長在霧林帶，對氣候變化十分敏感。
2 梳葉蕨是霧林帶的指標性附生蕨類。
3 台灣一葉蘭過去被盜採嚴重，目前只有在樹冠層高處能看到繁茂的族群。

1 2 3

有幸找到合適的宿主及棲地，便可以茁壯生長。總而言之，要在水分及養分無法穩定供應的樹冠層中生存，附生植物得加倍努力才行。不過我在某些溼度較高，環境相對穩定的霧林裡，也不難見到地生植物存活於樹冠層中，稱之為偶發性附生植物（accidental epiphyte），例如我在棲蘭山區觀察到，萌發於扁柏母樹冠層上無以計數的扁柏小苗，在日本和紐西蘭的潮濕山區見到的也以偶發性的附生植物居多。

附生植物不僅可以服務人類，更重要的是它們也是維繫森林生物多樣性的關鍵類群，雖然依賴森林樹木提供棲地，附生植物本身也在樹冠層提供豐富多樣的棲息環境，如東南亞雨林的蟻生植物，這類附生植物與螞蟻發展出奇妙的共生關係，它們的根或莖膨大，內部有腔室甚至分泌蜜汁，提供螞蟻食物及居住的地方，而蟻群則提供保護；知名的例子還有南美洲的附生鳳梨和樹冠層兩棲類的共生關係，附生鳳梨葉片中央的貯水池，提供了樹棲兩生類的棲息場所及食物來源，在哥倫比亞霧林裡所做的研究顯示，將近有二百五十種昆蟲幼蟲、青蛙及螃蟹生活在這空中水池中，終其一生不曾到過地面。而裸露在空氣中的附生植物對環境條件的變化格外敏感，北歐國家常藉由觀測地衣及苔蘚來獲得空氣汙染程度的數據，我的博士論文就是以附生植物的反應，來評估氣候變遷對森林生態系可能的衝擊。

看到這裡，你還覺得附生植物是不思上進的魯蛇嗎？其實它們也是用力在生存的喔。

1	2
3	4

1 翠綠的雙板斑葉蘭長在厚厚的苔蘚包上。

2 生長在檜木老樹上的大葉玉山茀蕨。

3 地衣常被誤認為附生植物，其實是藻菌共生的生物。

4 某些附生植物，例如小膜蓋蕨，會在冬天變色落葉，留下走莖度冬。

那些巨木房東

前文提到附生植物房客，感覺也應該介紹一下它們的房東，尤其是巨木等級的房東，更非簡單的角色，非常值得來一下特寫。

原始森林裡的高聳巨木，因爲樹冠層驚人的垂直高度，常使得研究人員無法輕易到達而望之興嘆，過去的研究者多半使用望遠鏡間接觀察，或只能於颱風後撿拾掉落的樹冠層植物，甚至借助伐木工作進行破壞性取樣。一九八〇年代以後，隨著越來越多樹冠層生物學家運用繩索技術攀樹，如今森林樹冠層的研究量能已逐漸提升，甚或能在樹冠層進行一些實驗及測量，不過相較於其它在森林中進行的研究項目，樹冠層的生物資源調查與探勘，仍然是較爲稀少的研究課題，所以森林樹冠層常被形容是地球上的內太空，還有許多未知的生物和生態現象等待我們進一步的研究。

全世界超過七十公尺高的巨木非常稀少，大部分的針葉樹巨木都聚集在美國西北太平洋沿岸（Pacific Northwest），而闊葉樹巨木則能見於婆羅洲的原始雨林、巴西亞馬遜雨林與澳洲塔斯馬尼亞島，台灣可說是東亞超過七十公尺巨木的唯一生育地。

巨木的生態價值是無可取代的，尤其是巨木的樹冠層，裡面蘊藏的生物資源、結構及生態，相較於年輕的小樹，來得複雜許多。某些附生植物只會在上百年的巨木上生存，其中的原因還不清楚，推測可能是由於巨木的樹冠層所累積的豐富腐質層，及其特殊的微生物相，也有可能是因爲複雜巨大的樹冠可以維持某些稀有植物生存所需的穩定微氣候。

美國西北太平洋沿岸的紅杉，是目前世界上最高的樹。

位於台灣東北部、棲蘭的山地霧林是非常珍貴的生態系。

然而巨木的養成需要甚麼條件？爲什麼它們要不停長高？長高有什麼好處跟壞處？長高又需要什麼條件來配合呢？

樹跟人不一樣，它們長高的原因絕不是因爲「高富帥」比較好找馬子。身爲森林裡最高的樹有些優勢，可以想像到的是，長得比鄰居高的話，樹冠層也比較高，可以接收到更多陽光（能量來源），然後阻擋鄰樹的陽光害他們長不高（吃不飽），長越高就離林下那些魯蛇越遠，遠離那些煩人的藤本植物，不幸發生森林火災也比較不會被燒到重要器官（葉芽花果），此外從更高的地方散布種子和花粉也可以傳得更遠，保證它們優秀的孩子傳遍天下。

不過長高當然不會只有好處，不然大家都比賽長高就好了；就跟NBA的球員一樣，如果長很高伸手直接灌藍就可以贏球的話，那找五個姚明組隊就拿冠軍了，比賽當然不是這樣玩的。森林裡的樹木花草看似安靜平和，其實暗潮洶湧競爭激烈，可不輸NBA的比賽。

一棵下定決心長高高的樹面對的挑戰包含生理與物理層面，基本上要維持高大的體形就十分耗能，畢竟大個子每天的伙食費就比小個子多很多，就算水分和陽光都不缺，要將水分與養分傳輸到全身的枝條及葉片可是一點都不輕鬆，更何況長得高，體重會變重，光是支持幾百噸的木材重量，維持挺立就是個難題。舉例來說，高個子運動員在場上比較容易重心不穩，扭到腳踝膝蓋的機率也比較高。

身爲森林裡最高的樹，還有雷擊的風險，簡直是當仁不讓的避雷針，此外高樓層風景雖好，若是遇到颱風，那首當其衝的狂風暴雨也是很恐怖的。

過去有許多科學家提出限制樹高的因子，譬如說水分及養分傳輸的高度限制等等，但在木質藤蔓身上卻觀察不到這等限制；近年來科學家也發現有證據顯示，長在霧林帶的巨木能夠以葉部氣孔吸收空氣中的水氣，所以水分傳遞或許不是最大的限制因子。

巨木多半生長在谷地，除了水源充足以外，可能也是因爲比較避風。例如桃山神木就生長在一個十分避風、平坦肥沃的山谷之中。

此外科學家也發現，多數巨木呈現的是圓柱狀樹形，而不是傘形。目前我們發現超過六十公尺高的台灣杉或香杉，樹型也都呈現枝條短、樹葉少的圓柱狀，這一類的樹成爲世界上的主要造林樹種，因爲它們能在比較短的時間內累積比較多的木材，致力於長高而非橫向發展，適合造林生產需要。

全世界的樹高分布，整體來說還是呈現緯度越低、樹高越高的趨勢。科學家根據簡單的能量平衡模式去推測樹高生長，簡單來說，樹越高，維持生命所需要的能量越高，生長就會變慢，當溫度越高生長率越高，維持生命所需的能量也變高，兩者平衡時就是一棵樹生長的極限。模式顯示，如果在溫度恆定，而諸如土壤等養分因子不成爲限制因子的情況下，攝氏十三度是最適合樹長高累積木材的溫度。

台灣擁有將近六成的大面積森林覆蓋率，原始森林的資源在近百年的伐木後仍然十分豐富，但過去關於巨木的研究屈指可數，期待找樹的人團隊未來能夠解密台灣巨木的分布形式，並呈現在世界版圖上。

台灣杉巨木的樹幹多呈現圓柱狀，枝下高多超過 30 公尺，枝條很少。

中海拔霧林帶：附生植物最愛的蛋黃區

前面兩篇文章介紹了附生植物房客跟巨木房東之間微妙的關係，那麼，台灣的哪裡是附生植物或巨木房東最愛置產（生長）的區域呢？

事實是，附生植物和巨木的確有偏好的生長區域，也就是台灣山區中海拔的霧林帶，而這個區域爲什麼會同時得到附生植物跟巨木的青睞呢？就容我下文來爲大家解釋。

什麼是山地霧林？

潮濕、涼爽、陰暗是大部分人進入山地霧林的第一印象，山地霧林多半位於熱帶或亞熱帶臨海的山地區域，特徵是每天週期性的雲霧，以及充滿附生植物的森林樹冠層，由海岸吹來的潮濕空氣沿著山地爬升之後，由於溫度下降，而形成濃厚雲霧帶，通常在中午過後霧氣生成縈繞整個森林，若以巨人的視角來看，霧氣呈現帶狀環繞在山坡上，所以稱爲霧林帶。

全世界只有百分之一的森林可以稱爲霧林，重要的山地霧林分布區域爲中南美洲、東非、婆羅洲、新幾內亞等等。由於台灣是位於亞熱帶、熱帶交界的高山島嶼，面積雖小卻擁有極爲豐富的山地霧林分布，尤其是過去廣布台灣的檜木林，更是世界難得的生態瑰寶。

生長在樹冠層的附生植物仰賴每日下午的雲霧帶來的水氣滋潤，以彌補供給不穩定的雨水，參天巨木也靠葉片攔截霧水，來補充根部輸送巨大身軀所需要的日常水分供給。森林樹冠層能夠攔截大量的霧水，根據過去的研究，棲蘭山區的扁柏枝葉每年可以攔截將近三〇〇毫米的霧水，而台大大氣系的研究團隊

1 中海拔風衝的稜線，常見台灣杜鵑形成的矮林。
2 霧林在全世界都是非常珍貴的生態系，此為美國西北的世界遺產，奧林匹克國家公園的溫帶霧林。
3 每天週期性的雲霧滋潤了山地霧林的生物。

1 | 2 / 3

發現在雪山山脈的觀霧地區，霧水甚至可以達到總降雨量的三分之一，於水資源日益珍貴的地球暖化世代，保育霧林帶對森林健康水文循環十分重要。

由於區域氣候的差異，以及地質史和植物地理學的因素，台灣的山地霧林擁有極高的多樣性，主要組成有雲杉、紅檜、扁柏、台灣杉、中海拔櫟林、華山松、杜鵑等等，它們的分布海拔與緯度、臨海距離、山塊位置與坡向、季節盛行風的交互作用，產生各種區域性的變化，而霧林裡的植群及動物組成往往也有極大差異。舉例來說，位於雪山山脈以東和以西的棲蘭山區和大雪山區，雖然組成優勢森林都是紅檜與扁柏，森林形象卻大不相同，承受充沛東北季風的棲蘭森林枝條上覆蓋著厚實的苔蘚包，林下的灌木茂盛幾乎無法穿越，底層森林覆蓋爲酸性的泥炭土層及泥炭苔，常見的附生蘭有喜好冷涼的一葉蘭；大雪山的霧林顯然較爲乾爽，東北季風與西南氣流對此地森林的影響季節差異比較不顯著，林下小灌木密度稍低，地被及枝葉的苔蘚層比較薄，而附生植物常見比較耐旱的高山絨蘭或豆蘭。

若加入臨海距離及山塊體積來考量，則花蓮秀林鄉、台灣臨海最近的一等三角點清水大山，和位於中央山脈核心、南投的北東眼山恰恰是兩個對比的例子，或許是因爲大山塊加熱效應及東北季風的影響，清水大山的植物（例如奇萊喜普鞋蘭）分布比其他區域降低了約有一千公尺左右，而此地的霧林海拔可降至一千公尺以下，位於稜線的森林樹幹扭曲矮小、苔蘚厚實、附生蘭種類少，有如文獻中所敍述的矮林（elfin or dwarf forest）；對比之下，北東眼山的霧林雨量雖不足以孕育檜木林，然而這裡的其他闊葉樹種如木荷和鬼櫟則筆挺高大，樹冠層的附生蘭種類豐富。

而位於台灣南端的大武山保護區的雙鬼湖區域，則是另一種霧林型態。雙鬼湖的森林屬於熱帶山地霧林，組成型態多樣，有台灣杉、牛樟、檜木、台灣杜鵑及森氏櫟。此區有很多台灣特有種植物，分布於此區的附生植物很多源自菲律賓群島及中南半島，這些例子顯示，有關台灣的霧林型態、分布和物種組成，可說是非常耐人尋味的植物地理學課題。

位於北回歸線的台灣，因為高山林立，具有多樣化的生育地，照片是由二子山的山地霧林眺望奇萊的雪景。

如前文所述，山地霧林由於水文特性，能攔截雨霧，提升森林的涵水能力，過去的研究顯示，霧林的存在，能在乾季保存二倍以上的降水量，即使在雨季，也能增加百分之十的森林蓄水量，凸顯出山地霧林對水土涵養的重要性。

位於雲霧帶的山地霧林，倚賴霧水的滋養，其實分布面積十分狹窄，創造出物種隔離的環境，於是有人把位於島嶼上的山地霧林稱爲「島中之島」（islands on islands），意味著山地霧林的特有種比率非常高，許多物種只能生存在這樣的環境之中，族群小、分布也十分狹隘。我的研究論文顯示，在未來暖化情境下，位於霧林帶的植物將會首當其衝，受到最大的影響。

氣候變遷有可能使雲霧帶生成高度上升，進而造成現有霧林帶乾旱的現象，此外也可能影響降雨型式。近年來台灣的極端降雨事件增加，便推測有可能是受到全球暖化的影響。成大的研究團隊即針對台東地區的紅檜，鑽取樹輪，來檢視過去的氣候條件，結果顯示「近三十年是過去五百年來，平均降雨量最少且極端事件最多的時段！」顯示台灣的霧林生態系正面臨極大的壓力。

在台灣，過去喪失山地霧林的最主要原因是伐木，自從一九八九年天然林禁伐以後，破壞壓力降低了不少，但未來全球變遷仍可能對其造成很大的衝擊，例如上升的雲霧帶造成的乾旱，或者是極端氣候事件，如莫拉克颱風所帶來的瞬間強降雨等等。希望珍貴的霧林生態系能獲得妥善的保護，成爲後代子孫永世流傳的瑰寶。

GO OUTDOOR
15

找樹的人：一個植物學者的東亞巨木追尋之旅

作　　者　徐嘉君
企畫選書　辜雅穗
責任編輯　辜雅穗
總 編 輯　辜雅穗

總 經 理　黃淑貞
發 行 人　何飛鵬
法律顧問　台英國際商務法律事務所　羅明通律師
出　　版　紅樹林出版
臺北市中山區民生東路二段 141 號 7 樓
電話：(02) 2500-7008　傳真：(02) 2500-2648
發　　行　英屬蓋曼群島商家庭傳媒股份有限公司城邦分公司
聯絡地址：台北市中山區民生東路二段 141 號 2 樓
書虫客服服務專線：(02) 25007718．(02) 25007719
24 小時傳真服務：(02) 25001990．(02) 25001991
服務時間：週一至週五 09:30-12:00．13:30-17:00
郵撥帳號：19863813　戶名：書虫股份有限公司
讀者服務信箱 email：service@readingclub.com.tw
城邦讀書花園：www.cite.com.tw
香港發行所　城邦（香港）出版集團有限公司
地址：香港灣仔駱克道 193 號東超商業中心 1 樓
email：hkcite@biznetvigator.com
電話：(852)25086231　傳真：(852) 25789337
馬新發行所　城邦（馬新）出版集團 Cité(M)Sdn. Bhd.
41, Jalan Radin Anum, Bandar Baru Sri Petaling,
57000 Kuala Lumpur, Malaysia.
電話：(603) 90578822　傳真：(603) 90576622
email:cite@cite.com.my

封面設計　李東記
美術設計　葉若蒂
印　　刷　卡樂彩色製版印刷有限公司
經 銷 商　聯合發行股份有限公司
電話：(02)29178022　傳真：(02)29110053

2021 年 8 月初版　Printed in Taiwan
2023 年 12 月初版 2.3 刷
定價 420 元

ISBN 978-986-97418-9-7

國家圖書館出版品預行編目 (CIP) 資料
找樹的人：一個植物學者的東亞巨木追尋之旅 / 徐嘉君著 . -- 初版 . -- 臺北市 : 紅樹林出版 : 英屬蓋曼群島商家庭傳媒股份有限公司城邦分公司發行 , 2021.08　208 面 ; 12.8*19cm 公分 . -- (Go outdoor ; 15)
ISBN 978-986-97418-9-7(平裝)
1. 樹木 2. 臺灣
436.1111　110008331